Sitzungsberichte
der Akademie der Wissenschaften
der DDR
Mathematik – Naturwissenschaften – Technik

4 N
1978

Margit T. Rätzsch

Zwischenmolekulare Wechselwirkungen und Struktur in flüssigen Nichtelektrolyten

AKADEMIE-VERLAG · BERLIN

Sitzungsberichte
der Akademie der Wissenschaften
der DDR
Mathematik — Naturwissenschaften — Technik

Jahrgang 1978 · Nr. 4/N

Margit T. Rätzsch

Zwischenmolekulare Wechselwirkungen und Struktur in flüssigen Nichtelektrolyten

AKADEMIE-VERLAG · BERLIN
1978

Vorträge gehalten in den Sitzungen
der Klasse Chemie am 22. September
und 20. Oktober 1977

Herausgegeben im Auftrage
des Präsidenten der Akademie
der Wissenschaften der DDR
von Vizepräsident Prof. Dr. Heinrich Scheel

Erschienen im Akademie-Verlag, 108 Berlin, Leipziger Straße 3—4

Lizenznummer: 202 · 100/216/78
Gesamtherstellung: VEB Druckhaus Köthen
Bestellnummer: 762 644 9 (2010/78/4/N) · LSV 1215
Printed in GDR
DDR 4,50 M

Inhalt

Margit T. Rätzsch

Zwischenmolekulare Wechselwirkungen und Struktur in flüssigen Nichtelektrolyten

1. Einleitung

Die Hauptaufgabe des Bereiches Theoretische und Physikalische Chemie an der Technischen Hochschule „Carl Schorlemmer" sehen wir in der Erziehung und Ausbildung von Studenten, damit unsere Gesellschaft hochqualifizierte, kommunistisch erzogene Physikochemiker erhält. Im Sinne des Prinzips der Einheit von Lehre und Forschung ist die Forschungsarbeit bei uns in erster Linie ein wichtiger Ausbildungs- und Erziehungsfaktor. Wir vertreten im Wissenschaftlichen Beirat Chemie die Auffassung, daß die Integration der Forschung in die Lehraufgaben die Betonung der Grundlagenforschung mit relativ geringer operativer Disponibilität in der Aufgabenstellung erfordert. Eine tragfähige Konzeption zur Weiterentwicklung des Wissenschaftsgebietes ist im Rahmen der Hochschulforschung die einzige Grundlage zur Erarbeitung wissenschaftlicher Leistungen für die Industrie.

Hauptforschungsgegenstand der physikalisch-chemisch arbeitenden Bereiche an der Technischen Hochschule „Carl Schorlemmer" war seit ihrer Gründung im Jahre 1954, und wird auch weiterhin sein, die Erforschung der flüssigen Mischungen. Die zentrale molekulare Eigenschaft, die die Eigenschaften flüssiger Mischungen bedingt, sind die zwischenmolekularen Wechselwirkungen.

Das in Abb. 1 wiedergegebene Schema soll Ihnen einen Überblick über die prinzipielle Struktur des entsprechenden theoretischen Gebäudes geben. Die zwischenmolekularen Wechselwirkungen sind im Prinzip mit Hilfe der Quantenmechanik berechenbar. Die Schwierigkeit dieser Aufgabe illustriert folgendes Bild:

Man vergleicht gern die Berechnung chemischer Bindungsenergien auf quantenchemischer Ebene mit der Aufgabe das Gewicht eines Kapitäns zu bestimmen, indem man sein Schiff einmal mit Kapitän und einmal ohne Kapitän wiegt. Den zwischenmolekularen Wechselwirkungen entsprechen in diesem Bild die Mütze des Kapitäns. Trotz großer Fortschritte in den letzten Jahren ist es gegenwärtig und voraussichtlich auch in naher Zukunft nicht möglich, für die praktisch interessierenden Moleküle eine Berechnung mit auch nur annähernd befriedigender Genauigkeit durchzuführen. Man ist daher genötigt, die erforderlichen Kenntnisse über zwischenmolekulare Wechselwirkungen auf andere Weise zu gewinnen. Mit Hilfe der Statistischen Thermodynamik, die die Verknüpfung von mikroskopischen und makroskopischen Größen liefert, ist es möglich, alle makroskopischen Eigenschaften der flüssigen Mischphasen zu berechnen. Einschränkungen bestehen insofern, als man nur in sehr einfachen Fällen ohne mehr oder minder zusätzliche drastische Näherungen zu praktisch auswertbaren Beziehungen kommt. Für praktisch interessierende Moleküle liegen solche Näherungen in Form des Gittermodells, des Theorems korrespondierender Zustände oder z. B. der FLORY-ORWOLL-Theorie vor. Im unteren Teil des Schemas sind die im Rahmen dieser Betrach-

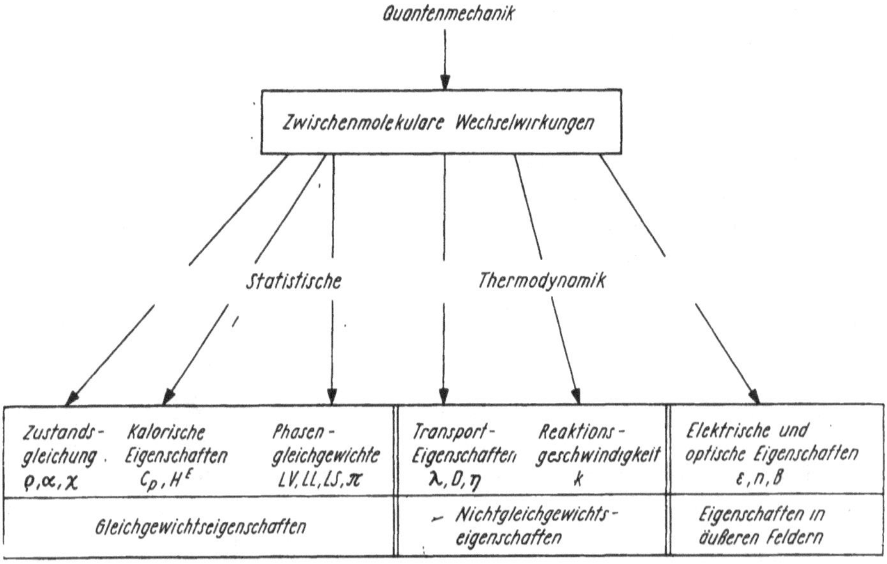

Abb. 1 Struktur des theoretischen Gebäudes

tungen wichtigsten makroskopischen Eigenschaften aufgeführt. An erster Stelle sind die zur Zustandsgleichung gehörenden Eigenschaften, wie die Dichte ϱ, der Ausdehnungskoeffizient α und die Kompressibilität χ angegeben. Im Anschluß sind zu sehen kalorische Eigenschaften, wie Wärmekapazität und Mischungswärme, sowie Phasengleichgewichte (LV, LL, LS, π). Die bisher genannten Eigenschaften werden als Gleichgewichtseigenschaften bezeichnet und den Nichtgleichgewichtseigenschaften gegenübergestellt, die Aussagen darüber liefern, wie schnell sich ein System dem Gleichgewichtszustand annähert. Hierzu gehören die Transporteigenschaften, wie Wärmeleitfähigkeit λ, der Diffusionskoeffizient D und der Viskositätskoeffizient η für Wärme-, Stoff- und Impulstransport, sowie die Geschwindigkeiten chemischer Reaktionen. Seit den fundamentalen Arbeiten von PETER DEBYE sind die Eigenschaften flüssiger Mischphasen unter dem Einfluß äußerer Felder, wie Dielektrizitätskonstante, Brechungsindex und Kerrkonstante, für den Chemiker interessant geworden.

Die phänomenologische Thermodynamik verknüpft einige der genannten makroskopischen Eigenschaften untereinander ohne den mikroskopischen Hintergrund zu diskutieren und damit als Methode die Statistische Thermodynamik einzusetzen. Aussagen über die zwischenmolekularen Wechselwirkungen können gewonnen werden, indem man den bereits skizzierten Weg in umgekehrter Richtung geht und die erforderlichen Informationen aus makroskopischen Eigenschaften erschließt. Die Richtigkeit der erworbenen Kenntnisse über die zwischenmolekularen Wechselwirkungen kann geprüft werden, indem mit Hilfe der Statistischen Thermodynamik andere makroskopischen Eigenschaften vorausberechnet werden. In diesem Vorgehen liegen 2 Unsicherheiten:

Einerseits die Unsicherheiten in der Information über die zwischenmolekularen Wechselwirkungen und andererseits die Unsicherheiten, die über die Modelle der Statistischen Thermodynamik eingetragen werden. Wir beschränken uns auf nur eine Unsicherheit, wenn die Kenntnisse über die zwischenmolekularen Wechselwirkungen aus unabhängigen Methoden gewonnen werden. Dazu bieten sich Untersuchungen an verdünnten Gasen an. Hierbei ist der Zusammenhang zwischen makroskopischen und mikroskopischen Größen nicht durch grobe Modelle belastet. Diesem Zweck dienten frühere Untersuchungen über 2. Druckvirialkoeffizienten. Seit Jahren laufen dazu Arbeiten über Viskositätskoeffizienten und über dielektrische Erscheinungen.

Die makroskopischen Eigenschaften bilden die Grundlage der technischen Reaktionsführung und der Stofftrennung als fundamentale Probleme der chemischen Großindustrie. Die benötigten Daten müssen gegenwärtig in einer Vielzahl aufwendiger Experimente ermittelt werden. Ihre Vorausberechnung anhand des dargestellten Konzeptes würde einen ungeheueren Fortschritt darstellen. Gegenwärtig finden Korrelationen zwischen experimentell leicht zugängigen makroskopischen Größen und solchen mit beträchtlichem experimentellem Aufwand ihre Rechtfertigung, um diffizile Messungen zu umgehen.

In den früheren Jahren lag das Schwergewicht auf der Untersuchung der klassischen Gleichgewichtseigenschaften. Diese Arbeiten werden im wesentlichen heute auf dem Gebiet der Polymerlösungen weitergeführt, deren breite industrielle Anwendung eine systematische physikochemische Grundlagenforschung erfordert. Das Hauptanliegen der heutigen physikochemischen Forschung in Merseburg ist das Studium flüssiger Nichtelektrolyten unter äußeren Einflüssen. Im Detail interessieren uns Temperaturgradient und das Schallfeld als äußere Einflüsse bei Wärmeleitfähigkeit und Ultraschallabsorption, sowie das statische elektrische Feld als äußerer Einfluß bei Dielektrizitäts- und Kerrkonstante.

Zu Fragen der Kerrkonstanten berichtete ich anläßlich der letzten Klassensitzung. Ich darf Sie an die Möglichkeiten erinnern, aus Kerruntersuchungen Aussagen zur Flüssigkeitsstruktur, insbesondere am Benzol, zu gewinnen. Um mich nicht zu wiederholen, wende ich mich unseren dielektrischen Arbeiten zu. Dabei möchte ich nicht auf unsere Untersuchungen an flüssigen Mischphasen eingehen, sondern Ihnen schildern, wie man aus dielektrischen Messungen an Gasen unabhängige Aussagen im eingangs diskutierten Sinne über die zwischenmolekularen Wechselwirkungen gewinnt.

2. *DK von Gasen*

Ausgangspunkt ist dabei die Ermittlung des 2. dielektrischen Virialkoeffizienten, der als Entwicklungskoeffizient in der Reihenentwicklung der Totalpolarisation nach Potenzen des reziproken Molvolumens auftritt:

$$P_T = \frac{\varepsilon - 1}{\varepsilon - 2} V = \mathfrak{A} + \frac{\mathfrak{B}}{V} + \frac{\mathfrak{C}}{V^2} + \dots \qquad (1)$$

V: Molvolumen

ε: Dielektrizitätskonstante

Der 1. dielektrische Virialkoeffizient $\mathfrak{A}$ beinhaltet Eigenschaften der isolierten Moleküle, nämlich Dipolmoment μ und Polarisierbarkeit α, der 2. dielektrische Virialkoeffizient $\mathfrak{B}$ Ausagen über die zwischenmolekularen Wechselwirkungen zwischen Paaren von Teilchen. Der 3. dielektrische Virialkoeffizient $\mathfrak{C}$ drückt die Dreierwechselwirkung aus. Bei nicht zu kleinen Molvolumina ist der Reihenabbruch nach dem 2. Glied gerechtfertigt. Gemäß Gl. (1) beruht die experimentelle Bestimmung des 2. dielektrischen Virialkoeffizienten auf der Ermittlung der Abhängigkeit der DK vom Molvolumen. Dazu gibt es verschiedene apparative Möglichkeiten. Die beste Apparatur ist zur Zeit die Kreis-Expansions-Apparatur nach Orcutt und Cole in Verbindung mit einem Präzisions-Kapazitäts-Meßsystem von General Radio, deren Aufbau jedoch sehr aufwendig und devisenintensiv ist. Deshalb entschlossen wir uns, die Messungen der DK nicht bei vorgegebenem Volumen, sondern bei vorgegebenem Druck durchzuführen. Dazu verwendeten wir ein Dipolmeter des Typs DM01 der WTW Weilheim und eine dazugehörige Meßzelle. Das Molvolumen wird aus dem Druck mit Hilfe von p-V-T-Daten (d. h. 2. Druckvirialkoeffizienten) bestimmt. Dementsprechend erfolgt die Auswertung der Messungen gemäß Gl. 2.

$$P_T = \frac{\varepsilon - 1}{\varepsilon + 2} \frac{RT}{p} = \mathfrak{A} + (\mathfrak{B} - \mathfrak{A}B_p) \frac{p}{RT} + \dots \qquad (2)$$

Hier zeigt sich auch der Nachteil unseres Vorgehens, weil der Fehler von B_p in $\mathfrak{B}$ eingeht. Für stark polare Gase, die $\mathfrak{B}$-Werte in der Größenordnung von einigen Tausend cm^6/mol^2 besitzen, ist der mit B_p eingeschleppte Fehler erträglich, wie unsere Ergebnisse bestätigen.

Von uns wurden die Gase

CH_3F	283,2–323,2 K
CH_3Cl	283,2–323,2 K
CH_3Br*	293,2–323,2 K
CHF_2Cl	293,2–323,2 K
$CHFCl_2$*	293,2–323,2 K
CF_2Cl_2	283,2–323,2 K
$CFCl_3$	303,2–323,2 K
C_2H_5Cl*	293,2–323,2 K
CH_3-O-CH_3	283,2–323,2 K

untersucht.

/Die mit */gekennzeichneten Substanzen wurden erstmals von uns gemessen.

Tab. 1 zeigt die von uns ermittelten experimentellen Ergebnisse im Vergleich mit einigen Literaturdaten von $\mathfrak{B}$ bei einer Temperatur (323,2 K). Die Literaturdaten sind Arbeiten mit Expansionsmethoden entnommen, stellen also die besten bisher bekannten Werte dar. Der Vergleich zeigt, daß die von uns gewonnenen $\mathfrak{B}$-Werte innerhalb ihres experimentellen Fehlers gut mit ihnen übereinstimmen (Die Fehlerbreite unserer $\mathfrak{B}$-Werte ist auf Grund der Meßanordnung und Verwendung von p-V-T-Daten größer).

Tab. 2 enthält eine Auswahl der von uns aus $\mathfrak{A}$ ermittelten Werte der Polarisierbarkeit α und des Dipolmomentes μ, die innerhalb der experimentellen Fehlergrenzen gut mit den Vergleichswerten übereinstimmen.

Tabelle 1
Vergleich experimenteller Daten des 2. dielektrischen Virialkoeffizienten mit Literaturwerten
$\mathfrak{B}_{exp}$ $10^{12}/m^6\,mol^{-2}$; T = 323,2 K

Gas	eigene Werte	Literatur	
CH_3F	-1445 ± 500	-1307 ± 37	[1]
CH_3Cl	-4432 ± 160	-4470 ± 200	[1]
CH_3Br	-1720 ± 620	–	
CHF_2Cl	2395 ± 250	2300 ± 200	[2]
$CHFCl_2$	2300 ± 190	–	
CF_2Cl	229 ± 130	200 ± 140	[2]
$CFCl_3$	480 ± 210	215 ± 30[a]	[1]
C_2H_5Cl	-5670 ± 610	–	
$(CH_3)_2O$	1310 ± 450	1600 ± 400	[2]

[a] bei 369,5 K

Tabelle 2
Polarisierbarkeiten und Dipolmomente

Gas	$\alpha\,10^{40}$ / $C^2m^2J^{-1}$		$\mu\,10^{30}$ / Cm	
	diese Arbeit	Lit.	diese Arbeit	Lit.
CH_3F	$3{,}45 \pm 0{,}04$	3,40 [1]	$6{,}18 \pm 0{,}03$	6,17 [5]
CH_3Cl	$5{,}90 \pm 0{,}06$	5,95 [3]	$6{,}34 \pm 0{,}08$	6,24 [5]
CH_3Br	$6{,}57 \pm 0{,}05$	6,56 [3]	$6{,}00 \pm 0{,}03$	6,03 [5]
$CHFCl_2$	$7{,}58 \pm 0{,}06$	7,60 [4]	$4{,}30 \pm 0{,}05$	4,30 [5]
CF_2Cl_2	$8{,}79 \pm 0{,}02$	8,82 [3]	$1{,}70 \pm 0{,}06$	1,70 [5]

Der Zusammenhang zwischen dem 2. dielektrischen Virialkoeffizienten und den zwischenmolekularen Wechselwirkungen ist nach BUCKINGHAM und POPLE durch Gl. (3) gegeben.

$$\mathfrak{B} = \frac{N_A^2}{3\varepsilon_{0v}\Omega} \int \left[\frac{1}{2} \left(\frac{\partial(\vec{m}_1 + \vec{m}_2)}{\delta E_0} \vec{e} - \overline{\alpha} + \frac{1}{3kT} \left\{ \frac{1}{2} (\vec{m}_1 + \vec{m}_2)^2 - \mu_0^2 \right\} \right] \tag{3}$$

$\exp(-U_{12}/kT)\, d\tau$

N_{Av}: Avogadrokonstante
ε_0: elektrische Feldkonstante
Ω: Konfigurationsintegral
$\vec{m}_1; \vec{m}_2$: induzierte Momente von zwei wechselwirkenden Molekülen 1 und 2
E_0: äußere Feldstärke
$\vec{e}$: Einheitsvektor in Richtung des äußeren Feldes
α: mittlere Polarisierbarkeit
k: Boltzmannkonstante
T: Temperatur
μ_0: permanentes Dipolmoment
U_{12}: Energie der zwischenmolekularen Wechselwirkungen zwischen den Teilchen 1 und 2, kurz Paarpotential genannt.
$d\tau$: Volumenelement

Gl. (3) erlaubt die Bestimmung von $\mathfrak{B}$ bei Kenntnis von U_{12} als Funktion von Position und Orientierung der wechselwirkenden Teilchen 1 und 2. Unser Anliegen besteht darin, aus bekanntem $\mathfrak{B}$ (T) das Paarpotential U_{12} zu bestimmen. Da die gesuchte Funktion U_{12} unter dem Integralzeichen auftritt, geht man folgendermaßen vor: Man gibt ein Potentialmodell mit freien Parametern vor, die gemäß Gl. (3) an den experimentellen $\mathfrak{B}$ (T)-Verlauf angepaßt werden.

Mit Hilfe modifizierter Stockmayer-Potentiale, „off-centre-dipole"-Modelle sowie Mehrzentrenmodellen wird versucht, Größe, Vorzeichen und Temperaturabhängigkeit des zweiten dielektrischen Virialkoeffizienten polarer Gase zu berechnen. Die erzielten Resultate sind recht unterschiedlich, insbesondere für Gase, deren zweite dielektrische Virialkoeffizienten negatives Vorzeichen besitzen.

Zwei grundsätzliche Ergebnisse wurden jedoch gewonnen:

1. Der 2. dielektrische Virialkoeffizient ist sehr stark von der Anisotropie der Zentralkräfte und damit von der Molekülgestalt abhängig.
2. Höhere Multipolmomente polarer Gase haben beträchtlichen Einfluß auf Größe und Vorzeichen des 2. dielektrischen Virialkoeffizienten.

Ziel unserer Arbeiten ist vorrangig die Untersuchung der ersten Abhängigkeit. Deshalb werden von uns mit einem Zwei-Zentren-Potentialmodell von KONG (Abb. 2) Berechnungen zum zweiten dielektrischen Virialkoeffizienten polarer Gase durchgeführt. Dem Zwei-Zentren-Modell von KONG liegen folgende Annahmen zugrunde:

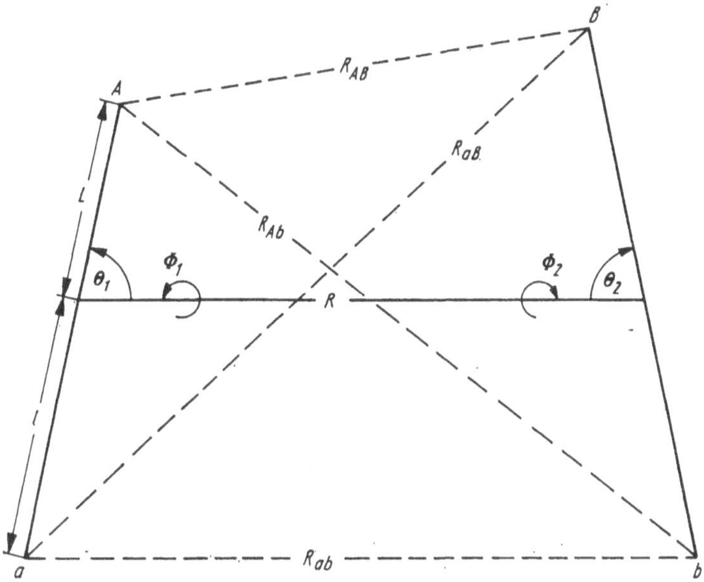

Abb. 2 Potentialmodell von Kong

1. Die Moleküle sind axialsymmetrisch und besitzen zwei Atomgruppen je an den Enden der Molekülachse. Jede dieser Gruppen sei das Zentrum einer Lennard-Jones-(12–6)-Wechselwirkung.

2. Die potentielle Energie zwischen einem Paar von Molekülen, hervorgerufen durch Ladungsüberlappung und Dispersionskräfte, ist die Summe aller Paarwechselwirkungen aller Atomgruppen.

3. Die Moleküle sind polarisierbar, haben einen Punktdipol im Schwerpunkt und sind um ihre Achse frei beweglich.

Das Kong-Modell ist sowohl für die Beschreibung positiver als auch negativer 2. dielektrischer Virialkoeffizienten geeignet. Bei negativen 2. dielektrischen Virialkoeffizienten treten beträchtlich größere Abweichungen auf. In Tab. 3 sehen Sie am Beispiel des Dimethyläthers den Vergleich von Potentialparametern aus dielektrischen Messungen mit solchen anderer Quellen für positive 2. dielektrische Virialkoeffizienten.

Tabelle 3
Vergleich von Potentialparametern

σ/pm	εk^{-1}/K	Herkunft
500	449	$\mathfrak{B}$ (Kong-Modell)
550	412	$\mathfrak{B}$ (Buckingham-Modell)
281	680	B_p
474	277	η

Ich möchte Sie auf die gute Übereinstimmung der Ergebnisse aus dem Kong- mit denen aus dem Buckingham-Modell hinweisen. Im allgemeinen stimmen unsere σ-Werte aus 𝔅 (T) recht gut mit den aus η (T) überein. Zu beobachten ist weiterhin eine hohe Empfindlichkeit von 𝔅 auf Änderungen in σ, so daß die aus 𝔅(T) berechneten σ-Werte anderen vorzuziehen sein sollten.

3. *Wärmeleitfähigkeiten*

Wir beenden damit die Diskussion des Verhaltens in äußeren Kraftfeldern und wenden uns Untersuchungen unter dem Einfluß eines äußeren Temperaturgradienten, d. h. Wärmeleitfähigkeiten, zu. Unter geeigneten Bedingungen, d. h. bei Bildung ausgeprägter Assoziate zwischen den Komponenten einer Mischung, kann man auch aus Wärmeleitfähigkeitsmessungen Rückschlüsse auf die zwischenmolekulare Wechselwirkung in diesen Assoziaten ziehen. Diese von uns entwickelte Methode ermöglicht den Einsatz der Nichtgleichgewichtsthermodynamik zur Erforschung zwischenmolekularer Wechselwirkungen. Jede chemische Reaktion und damit auch ein Assoziationsgleichgewicht führt zu einem Zusatzbetrag in der Wärmeleitfähigkeit. Während im Normalfall im stationären Zustand keine Diffusion auftritt, findet man bei assoziierenden Mischungen einen zusätzlichen Wärmetransport durch Diffusion. Da das Assoziationsgleichgewicht temperaturabhängig ist, liegen in Raumpunkten mit unterschiedlicher Temperatur auch unterschiedliche Konzentrationen der Assoziate und der Assoziatbildner vor. Das führt zur Diffusion der Assoziate in der einen und der Assoziatbildner in der entgegengesetzten Richtung. Diese gegenläufige Diffusion stellt einen Kreisstrom dar, der de facto als ein Transport von Assoziationswärme durch Diffusion in Erscheinung tritt.

Abb. 3 zeigt die Wärmeleitfähigkeit im System Anilin + Essigsäure. Während

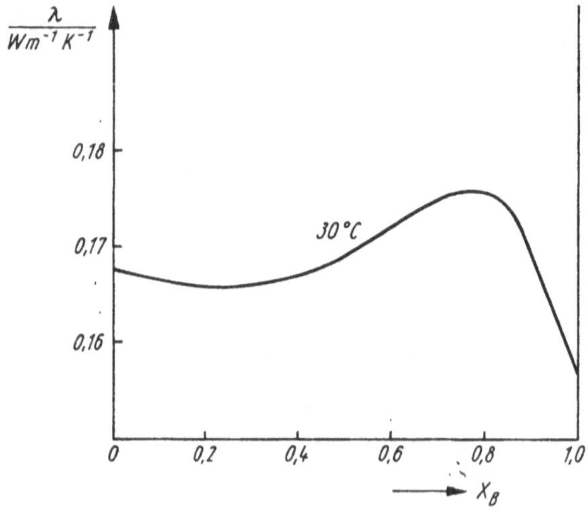

Abb. 3 Wärmeleitfähigkeit im System Anilin + Essigsäure

im Normalfall die Konzentrationsabhängigkeit der Wärmeleitfähigkeit schwach konvex gegen die Abszissenachse verläuft, sehen wir hier die Ausbildung eines deutlichen Maximums, das der Assoziatbildung auf Grund starker Wasserstoffbrückenbindung zwischen den Komponenten zuzuordnen ist.

Im folgenden seien die Grundzüge der Behandlung dieser Erscheinung mit Hilfe der linearen Nichtgleichgewichtsthermodynamik skizziert. Die bei Wärmeleitfähigkeitsmessungen experimentell ermittelte Größe ist der Gesamtstrom der Enthalpie $\underline{J}_h^{tot}$. Im Falle der Konvektionsfreiheit, die man bei Wärmeleitfähigkeitsmessungen voraussetzen muß, ist dieser Gesamtstrom der Enthalpie gegeben durch

$$\underline{J}_h^{tot} = \underline{J}_q + \sum_{i=1}^{n} \overline{H}_i \underline{J}_i \qquad [4]$$

$\underline{J}_q$: Wärmefluß
$\overline{H}_i$: partielle spezifische Enthalpie der Komponente i
$\underline{J}_i$: Diffusionsfluß der Komponente i

Die Summation ist hier über alle Komponenten der Mischung zu erstrecken, wobei das Assoziat als eigene Komponente zu behandeln ist.

Für die Diffusionsflüsse $\underline{J}_i$ gilt im stationären Zustand bei Vorliegen eines einzigen Assoziates

$$\underline{J}_i = \gamma_i M_i \underline{J} \qquad [5]$$

ν_i: Stöchiometriezahl der Komponente i in der Reaktion der Assoziatbildung
M_i: Molmasse der Komponente i
$\underline{J}$: Geschwindigkeit der Reaktion im betrachteten Raumpunkt

Diese Gleichung besagt, daß die an der Assoziatbildung beteiligten Stoffe in dem Maße zu den einzelnen Raumpunkten hin- bzw. wegströmen, wie sie durch die Assoziation verbraucht bzw. erzeugt werden. Substitution von $\underline{J}_i$ in (4) nach (5) führt zu

$$\underline{J}_h^{tot} = \underline{J}_q + \sum_{i=1}^{n} \overline{H}_i \gamma_i M_i \underline{J} = \underline{J}_q + \sum_{i=1}^{n} \gamma_i H_i \underline{J} \qquad [6]$$

$$\underline{J}_h^{tot} = \underline{J}_q + \Delta_R H \underline{J} \qquad [7]$$

Das Produkt $M_i \overline{H_i}$ stellt die partielle molare Enthalpie dar und die $\Sigma \gamma_j H_j$ ist bekanntlich gleich der Assoziationsenthalpie. Aus Gl. (7) sind die beiden Terme, d. h. der normale Wärmefluß und der Zusatzbeitrag durch die Assoziatbildung klar ersichtlich. Zur weiteren Behandlung werden die linearen phänomenologischen Gleichungen eingeführt:

$$\underline{J}_q = -\lambda \operatorname{grad} T \qquad [8]$$

$$\underline{J}_i = -\sum_{k=1}^{n-1} D_{ik} \operatorname{grad} X_k \qquad [9]$$

Die phänomenologischen Gleichungen verknüpfen die Flüsse $\underline{J}_q$ und $\underline{J}_i$ mit den entsprechenden Ursachen, thermodynamische Kräfte genannt. Der Wärmefluß $\underline{J}_q$ wird durch einen Temperaturgradienten hervorgerufen. Als Proportionalitätsfaktor tritt die Wärmeleitfähigkeit λ auf. Die Diffusionsflüsse werden durch die Konzentrationsgradienten hervorgerufen. Die Proportionalitätsfaktoren sind die Diffusionskoeffizienten. Der konkreten Rechnung obliegt die Verknüpfung von Konzentrations- und Temperaturgradienten. Durch Einsetzen von (8) und (9) in (7) folgt:

$$\underline{J}_h^{tot} = -\left\{\lambda + \frac{|D|\,\Delta_R H^2}{T \sum_{k=1}^{n-1} |D_k| \sum_{i=1}^{n} \gamma_i \left(\frac{\delta \mu_i}{\sigma X_k}\right)}\right\} \operatorname{grad} T \qquad [10]$$

$|D|$ Determinanten, die nach bestimmter Vorschrift aus den
$|D_k|$ Diffusionskoeffizienten gebildet werden.
μ: chemisches Potential
X: Molenbruch

Das experimentell gefundene Maximum wird durch den Zusatzausdruck in der Klammer theoretisch beschrieben.

4. *Ultraschallabsorption*

Als nächstes möchte ich Ihnen einen Einblick zu den Arbeiten unter dem Einfluß eines äußeren Schallfeldes vermitteln, die mit der Zielstellung der näheren Untersuchung von Elektronen-Donator-Akzeptor-Wechselwirkungen bearbeitet werden. Eine derartige EDA-Wechselwirkung führt dazu, daß die mittlere Aufenthaltswahrscheinlichkeit eines Moleküls A in der Nachbarschaft eines Moleküls B größer ist als es der normalen statistischen Verteilung entspricht. Die mittlere Lebensdauer einer A-B-Konfiguration ist von der Wechselwirkungsenergie abhängig. Ist die Wechselwirkungsenergie gleich Null, erhält man eine Lebensdauer in der Größenordnung von 10^{-11} s, was dem einfachen Stoß entspricht. Je größer die Wechselwirkungsenergie zwischen beiden Molekülen ist, desto größer ist die mittlere Lebensdauer einer solchen Konfiguration. Bei einer Wechselwirkungsenergie von 10 kT beträgt sie etwa 10^{-7} s, bei 25 kT etwa 10 s. Hier würde man schon von einer Komplexbildung im Sinne der Chemie sprechen. Man kann die Bildung von solchen AB-Konfigurationen als chemische Reaktion auffassen:

$$\text{ungeordneter Zustand} \underset{k_2}{\overset{k_1}{\rightleftharpoons}} \text{Struktur}$$

Das Reaktionsprodukt, sprich die Struktur, existiert natürlich nur im fluiden Zustand und kann als solches nicht isoliert werden. Da hierbei Geschwindigkeitskonstanten sehr großen Betrages auftreten, sind derartige Vorgänge mit aus der Kinetik schneller Reaktionen geläufigen Methoden zu behandeln. Eine Analyse der möglichen Meßmethoden führt zur Anwendung der Ultraschallabsorption. Neben den klassischen Beiträgen ist die Ultraschallabsorption bedingt durch Umwandlungsvorgänge auf molekularer Ebene. Aus der Frequenzabhängigkeit der Ultraschallabsorption kann die Geschwindigkeit dieser molekularen Vorgänge, z. B. die Geschwindigkeitskonstanten der angegebenen Reaktion, ermittelt werden. Zeigen die reinen Komponenten im Gegensatz zu ihren Mischungen keine außerklassische Absorption, kann auf die Existenz von EDA-Wechselwirkungen zwischen den Komponenten geschlossen werden. Auf diese Weise konnte die Existenz von EDA-Wechselwirkungen in den folgenden Systemen nachgewiesen werden:

Benzol	Dimethylformamid Dimethylacetamid
Tetrachlormethan	Diäthylamin Triäthylamin Morpholin Benzylamin Anilin Dimethylanilin

Die Aktivierungsenergien liegen in der Größenordnung von 10 bis 25 kJ/mol und entsprechen damit den üblichen Werten für schnelle Reaktionen. Die Aktivierungsentropien entsprechen in Vorzeichen und Betrag den einer Bildungs- bzw. Zerfallsreaktion. Aus den Geschwindigkeitskonstanten können die Gleichgewichtskonstanten im Bereich zwischen 1,5 und 3 ermittelt werden. Die entsprechenden Reaktionsenthalpien und -entropien haben immer negatives Vorzeichen.

Die Ergebnisse der Ultraschallabsorption wurden durch NMR-Messungen bestätigt.

5. *Polymerlösungen*

Meine Damen und Herren! Ich hoffe Ihnen einen Einblick zu unserem Hauptanliegen in der physikalisch-chemischen Forschung, nämlich moderne Methoden, die üblicherweise vom Thermodynamiker nicht genutzt werden, zur Information über zwischenmolekulare Wechselwirkungen einzusetzen, vermittelt zu haben. Im folgenden berichte ich Ihnen über den Einsatz klassischer thermodynamischer Untersuchungsmethoden für bislang von uns nicht diskutierte Systeme, nämlich hochpolymere Komponente und niedermolekulares Lösungsmittel. Das Anliegen unserer Arbeiten besteht experimentell in der Untersuchung konzentrierter Polymerlösungen von möglichst technischer Bedeutung. Das Schwergewicht liegt dabei auf dem Einfluß von Molmasse des Polymeren und Art des Lösungsmittels. Auf theoretischem Gebiet bemühen wir uns um die Vorausberechnung thermodynamischer Daten solcher Lösungen aus den Eigenschaften reiner Komponenten, evtl. unter Hinzuziehen anderer Meßdaten.

In Tab. 4 handelt es sich durchweg um geläufige Untersuchungsmethoden, die keiner näheren Erläuterung bedürfen. Eine Ausnahme stellt vielleicht die soge-

Tabelle 4
Überblick zu experimentellen Methoden

Methode	Meßgröße	Mögliche Aussagen
LV-Gleichgewicht	Dampfdruck	$\overline{\overline{G}}^E$
Membranosmose	osmotischer Druck	$\Gamma_B, \overline{\overline{G}}^E$
Dampfdruckosmose	Temperaturdiff.	$\Gamma_B, f_B\infty, \overline{\overline{G}}^E$
Entmisch.-Gleichgew.	Entmischungskurve	$\overline{\overline{G}}^E$
Gaschromatografie	Retentionsvolumina	$f_A\infty, \overline{\overline{G}}^E$
Kalorimetrie	Mischungs-, Verdünnungswärmen	$\overline{\overline{H}}^E, \frac{\partial\overline{\overline{G}}^E}{\partial T}$
Volumetrie	Dichte	$\overline{\overline{V}}^E, \frac{\partial\overline{\overline{G}}^E}{\partial P}$

nannte Dampfdruckosmose dar. Es handelt sich dabei um eine Meßmethode, die dem LV-Gleichgewicht näher verwandt ist als der Osmose. Man mißt die Temperatur eines Lösungstropfens in einer gesättigten Lösungsmittelatmosphäre.

Die letzte Spalte enthält die aus den Messungen ermittelten thermodynamischen Größen. Γ ist der 2. osmotische Virialkoeffizient, f der Aktivitätskoeffizient. Die hier aufgeführten Exzeßgrößen unterscheiden sich von den üblicherweise verwendeten. Wir sprechen von segmentmolaren Größen, die gemäß Gl. (11) definiert sind

$$\overline{\overline{Z}} \doteq \frac{z}{n_A + rn_B} \qquad [11]$$

z: extensive Zustandsfunktion
r: Zahl der Segmente eines Polymermoleküls B, wobei jedes Segment gleiche Größe und gleiches Volumen wie ein Lösungsmittel-Molekül A besitzt.

Segmentmolare Zustandsfunktion bedeutet also Bezug auf n_A Lösungsmittel-Moleküle plus rn_B Polymersegmente. Die segmentmolare Exzeßgröße wird nicht wie bei den niedermolekularen Lösungen als Differenz zur idealen Lösung, sondern als Differenz zur ideal-athermischen Lösung verstanden. Die idealathermische Lösung ist das älteste statistische Modell der Polymerlösung, das den entscheidenden Beitrag der Abweichung von der Idealität enthält. Der entscheidende Beitrag ist durch die stark unterschiedliche Größe der beiden Komponenten bedingt. Das theoretische Herangehen ist unterschiedlich, je nachdem ob es sich um unpolare, schwach polare oder stark polare Systeme handelt. Für unpolare und schwach polare Komponenten hat sich die Flory-Orwoll-Theorie bewährt. Diese kombiniert Merkmale der älteren Theorien der korrespondierenden Zustände mit Ideen des Zellmodells. Der entscheidende Punkt ist der Ansatz der zwischenmolekularen Energie als Funktion des Volumens in der Form

$$-\frac{\text{const}}{V},$$

so daß kein spezielles Modell für die zwischenmolekularen Wechselwirkungen benötigt wird. Diese Theorie ist dem Zellmodell und dem Korrespondenzprinzip überlegen, da sie gewisse Terme mit den Eigenschaften der reinen Komponenten enthält. Die folgende Tab. 5 demonstriert den Vergleich experimenteller und nach Flory berechneter segmentmolarer freier Exzeßenthalpien. Da dieses Konzept von vornherein mit gemittelten Wechselwirkungsenergien operiert, ist eine explizite Berücksichtigung der Orientierungsabhängigkeit der zwischenmolekularen Wechsel-

Tabelle 5

Vergleich von nach Flory berechneten und vom Institut gemessenen $\overline{\overline{G}}_E$-Werten im System Plystyrol/Lösungsmittel

Lösungsmittel	$\frac{\vartheta}{C^\circ}$	$\frac{\overline{M}_B}{g \cdot mol^{-1}}$	$r = \frac{V_{OB}}{V_{OA}}$	$\frac{\overline{\overline{G}}^{E\,max}_{ber}}{J \cdot mol^{-1}}$	$\frac{\overline{\overline{G}}^{E\,max}_{exp}}{J \cdot mol^{-1}}$	relat. Fehler / %
Cyclohexan	25	3400	29,1	455	454	0,2
Cyclohexan	25	5900	50,5	462	454	1,8
Toluol	25	5900	51,3	210	232	9,4
o-Xylol	25	3400	26,0	226	252	10,3
Methyläthylketon	25	5900	60,0	301	321	6,2
Methyläthylketon	50	5900	58,6	315	346	8,9
Dioxan	40	3400	36,4	446	428	4,2
Dioxan	40	5900	63,3	247	303	18,5

wirkungen, wie sie bei stark polaren Molekülen erforderlich ist, von vornherein nicht gegeben. Für Systeme aus stärker polaren Komponenten muß man daher Theorien heranziehen, die in der Grundkonzeption gröber sind — dafür aber die Orientierungsabhängigkeit berücksichtigen. Dieser Verzicht ist rein mathematisch bedingt. Aus der Kenntnis der Literatur kam für uns zur Lösung dieser Problematik nur das Gittermodell unter gleichzeitiger Berücksichtigung der unterschiedlichen Molekülgröße und der Existenz der zwischenmolekularen Wechselwirkungen in Frage, d. h. unser Anliegen besteht in der Modifizierung der Barker-Theorie für konzentrierte Polymerlösungen. Verwendung eines Gittermodells heißt von vornherein, daß mit einem starren Gitter gearbeitet wird, daß dadurch kein Exzeßvolumen berücksichtigt wird, somit auch die Exzeßentropie nicht völlig richtig erfaßt werden kann.

Barker erfaßt die Richtungsabhängigkeit der zwischenmolekularen Wechselwirkungen durch Kontaktwechselwirkungsenergien. Die prinzipielle Vorgehensweise soll am Beispiel des Methanolmoleküls dargestellt werden. (Abb. 4)

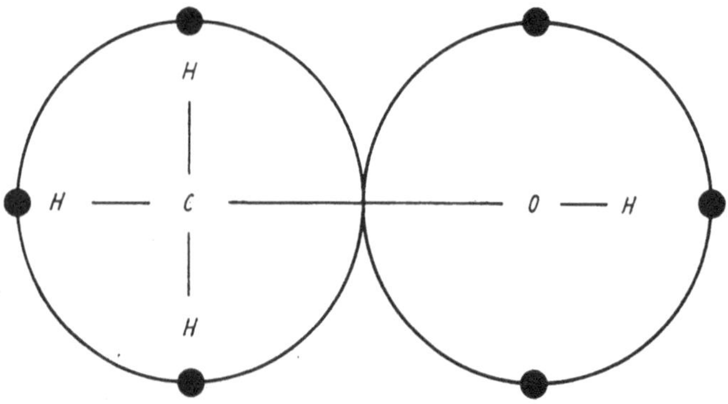

Abb. 4 Zur BARKER-Theorie

Man denkt sich das Methanolmolekül in 2 Segmente unterteilt, eines für die CH_3-Gruppe und eines für die OH-Gruppe. Als Zahl der nächsten Nachbarn wird 4 angenommen, so daß sich als Kontaktstellenzahl nach außen für jedes Segment 3 ergibt. Es werden 3 gleiche Kontaktstellen für die CH_3-Gruppe, 2 für den O und eine für das alkoholische H-Atom angenommen. Die Kontaktstellenwechselwirkungsenergien treten als adjustierbare Parameter der Theorie auf. Es ist daher sinnlos, die BARKER-Theorie auf ein einzelnes System anzuwenden, da hiermit uns der experimentelle Sachverhalt mit adjustierten Parametern beschrieben würde. Das Anliegen kann deshalb nur darin bestehen, Kontaktwechselwirkungsenergien aus einigen Systemen zu berechnen und diese universell auf Systeme mit gleichen Kontaktpaaren anzuwenden.

Am Beispiel des Systems Benzol + Polypropylenoxid sehen Sie, daß die Übereinstimmung mit experimentellen Daten noch keineswegs befriedigen kann ($\overline{\overline{G}}^E_{0,5}$ exp.: 97 J mol^{-1}; ber.: 500 J mol^{-1}). Unsere weiteren Bemühungen sind auf einen verbesserten Ansatz für den kombinatorischen Faktor gerichtet, der hochmolekularen Lösungen gerecht wird.

Unsere Erfahrung bei der Vorausberechnung von Polymerlösungen aus unpolaren Komponenten nutzen wir durch Anwendung der FLORY-ORWOLL-Theorie zur Optimierung der Fahrweise eines technischen Hochdruckpolyäthylenreaktors.

Hochdruckpolyäthylen wird synthetisiert bei Temperaturen von 180 bis 300 °C und Drücken von 500 bis 3000 atm (50 bis 300 MPa = Megapascal). Die im Reaktor befindliche Äthylen + Polyäthylen-Mischung kann aus einer oder aus mehreren Phasen bestehen, je nach der Molmassenverteilung des Polymeren, der Reaktortemperatur und dem Druck. Bei 3000 atm (300 MPa) und 300 °C existiert das Gemisch als eine einzige Phase. Werden jedoch Temperatur und Druck erniedrigt, z. B. auf 900 atm (90 MPa) und 260 °C, so entstehen 2 Phasen: Die eine Phase enthält hauptsächlich Äthylen und die andere Phase hauptsächlich Polyäthylen. Diese Erscheinung wird auch benutzt, um das entstandene Polyäthylen abzutrennen, indem man die aus dem Reaktor kommende Reaktionsmischung entspannt. Die anfallende äthylenreiche Phase wird in den Reaktor zurückgeführt.

Um den Prozeß möglichst optimal zu führen und insbesondere um ein qualitativ hochwertiges Polyäthylen zu erzeugen, ist die genaue Kenntnis des Phasengleichgewichts-Verhaltens des Systems Äthylen + Polyäthylen notwendig. Unsere Bemühungen gehen dahin, für verschiedene vorgegebene Temperaturen, Drucke und Polyäthylengehalte einschließlich der Molmassenverteilung des Polyäthylens, zu berechnen:

1. tritt eine Phasentrennung ein? und falls ja:
2. welche Polyäthylengehalte und Molmasseverteilungsfunktionen des Polyäthylens liegen in beiden koexistierenden Phasen vor?

Hier spielt das Problem der Polydispersität der hochpolymeren Komponente, das ich bisher noch nicht angesprochen hatte, eine entscheidende Rolle. Unerwartete Schwierigkeiten erbrachte uns die numerische Rechnung, weil das zu lösende Gleichungssystem die physikalisch uninteressante, triviale Lösung besitzt, daß die koexistierenden Phasen miteinander identisch sind. Wir brauchen exzellente Ausgangsnäherungswerte, weil das Gleichungssystem so strukturiert ist, daß anderenfalls immer wieder nur die Triviallösung erhalten wird.

6. Modellierung

Die Praxisbezogenheit unserer physikochemischen Arbeiten kann auch mit der Modellierung polynärer Kohlenwasserstoffsysteme als Grundlage für die Aromatenextraktion aus Kohlenwasserstoffen (Arex-Verfahren) demonstriert werden.

Unter Modellierung versteht man in diesem Zusammenhang die Vorausberechnung polynärer Systeme aus Daten der binären. Für dieses Anliegen bestehen wesentlich günstigere Voraussetzungen als für die Berechnung binärer Eigenschaften aus Daten der reinen Komponenten. Die potentielle Energie jedes beliebigen Systems kann in guter Näherung als Summe der Paarwechselwirkungsenergien dargestellt werden. Alle in einem polynären System vorkommenden Paarwechselwirkungen treten bereits in den binären Randsystemen auf. Nicht alle in einem binären System existierenden Paarwechselwirkungen sind auch bei den reinen Komponenten zu finden. Der theoretisch korrekte Weg würde die Berechnung der Paarwechselwirkungen aus den binären Randsystemen vorsehen, aus denen dann das polynäre System zu bestimmen wäre. Dieser Weg ist wegen der in der Einleitung dargestellten Schwierigkeiten streng nicht gangbar. Man benutzt daher auf halbtheoretischem Wege gefundene Gleichungen für das polynäre System, in denen nur Parameter auftreten, die über die binären Randsysteme bestimmt werden können. Der ursprünglich vorhandene physikalische Hintergrund der binären Parameter geht im Verfahren der Modellierung verloren.

Bei der Aromatenextraktion geht man grundsätzlich so vor, daß dem Gemisch aus Aromaten und Aliphaten ein Selektivlösungsmittel zugesetzt wird, das mit den Kohlenwasserstoffen eine Mischungslücke bildet, und dessen Moleküle zu den Molekülen des Aromaten wesentlich stärkere anziehende zwischenmolekulare

Wechselwirkungen ausbilden als zu denen der Aliphaten, so daß der Aromat bevorzugt in die Extraktphase übergeht. In neuerer Zeit werden als Selektivlösungsmittel Gemische eingesetzt, um hohe Selektivität mit großer Kapazität zu verbinden. Daher wurde als Modellsystem das quaternäre System

Benzol — n-Hexan — N-Methylcaprolactam — Glykol

ausgewählt. Ergänzende Untersuchungen wurden mit der Substitution des Benzols durch Toluol oder Xylole und des n-Hexans durch andere Paraffine des Bereiches C_7 bis C_{10} durchgeführt. Ausgangspunkt der Berechnungen sind umfangreiche experimentelle Untersuchungen zu allen binären und einzelnen polynären Systemen, u. a. für das eigentlich interessierende Entmischungsgleichgewicht und auch für das Verdampfungsgleichgewicht.

Als Modellgleichungen finden die Redlich-Kister- und die NRTL-Gleichung Verwendung.

Bei der Wiedergabe der experimentellen Daten des Verdampfungsgleichgewichtes sind die beiden genannten Modelle praktisch gleichwertig. Für die Beschreibung der Entmischungserscheinungen ist der Redlich-Kister-Ansatz zu bevorzugen, der jedoch den Nachteil hat, daß in ihm ursprünglich polynäre Parameter auftreten, die durch zusätzliche, mehr oder minder plausible Ansätze aus den binären berechnet werden müssen.

Anhand dieses umfangreichen experimentellen und theoretischen Materials konnte dem Verfahrentechniker die Auslegung des Arex-Verfahrens wesentlich erleichtert werden.

7. *Zusammenfassung*

Meine Damen und Herren! Die Beschäftigung mit den zwischenmolekularen Wechselwirkungen ist Voraussetzung für das umfassende Verständnis der makroskopischen Körper. Zwischenmolekulare Wechselwirkungen sind aber nicht nur für Gebiete wie Physik und Chemie von zentraler Bedeutung, sondern auch für die Biologie, wie Entwicklungen der Molekularbiologie gezeigt haben. Die Helixstruktur der Eiweißmoleküle wird durch zwischenmolekulare Wechselwirkungen bedingt. Die Mechanismen bei der Weitergabe genetischer Informationen machen wesentlich von zwischenmolekularen Wechselwirkungen Gebrauch.

Wir schätzen uns glücklich, mit unserer Forschungsarbeit einen kleinen Beitrag im Faustschen Sinne leisten zu können „... daß ich erkenne, was die Welt im Innersten zusammenhält".

Literatur

[1] H. Sutter, R. H. Cole: J. Chem. Phys. **52** (1970) 132.

[2] A. N. M. Barnes, L. E. Sutton: Trans. Faraday Soc. **67** (1971) 2915.

[3] A. N. M. Barnes, P. J. Turner, L. E. Sutton: Trans. Faraday Soc. **67** (1971) 2909.

[4] A. A. Maryott, F. Buckley: NBS (US), Circ 537 (1953).

[5] R. D. Nelson, D. R. Lide, A. A. Maryott: NSRDS, NBS (US), Circ. 10 (1967).

Margit T. Rätzsch / Rainer Patz

Kerreffekt in niedermolekularen fluiden Systemen

1. Wesen des Kerreffekts

Wird an einen transparenten isotropen Körper (Feststoff, Flüssigkeit oder Gas) ein elektrisches Feld angelegt, so wird dieser doppelbrechend. KERR fand für die Differenz der Brechzahlen von außerordentlichem (n_a) und ordentlichem (n_o) Strahl eine quadratische Abhängigkeit von der Stärke des elektrischen Feldes E [1],

$$n_a - n_o = B \lambda E^2 \qquad (1-1)$$

λ ist die Wellenlänge des zur Beobachtung verwendeten Lichts. Die nach dem Entdecker als Kerrkonstante benannte Größe B hängt außer von der Wellenlänge stark von der Beschaffenheit der untersuchten Probe ab. So zeigen Gase gegenüber Flüssigkeiten und Festkörpern um einige Größenordnungen kleinere Kerrkonstanten, was auf eine starke Abhängigkeit des Kerreffekts von der Dichte hinweist. Unter den Flüssigkeiten haben solche aus Molekülen hoher Symmetrie in der Regel kleine Kerrkonstanten, während andererseits stark polare Stoffe meist große Kerrkonstanten aufweisen. Die Änderung der Kerrkonstante bei der Einführung bestimmter Substituenten in die Moleküle (z. B. bei Benzol und seinen Derivaten) deutet auf eine signifikante Abhängigkeit des Kerreffekts von der Molekülstruktur hin. Für einen gegebenen Stoff hängt die Kerrkonstante stärker von der Temperatur ab, als eine alleinige Änderung der Dichte mit der Temperatur erwarten läßt.

Der Kerreffekt ordnet sich in eine Reihe von physikalischen Erscheinungen ein, bei denen es zu einer durch ein materielles Medium vermittelten Kopplung zwischen zwei Feldern kommt. Die Suche nach solchen Effekten wurde 1845 durch FARADAYS grundsätzliche Entdeckung der Drehung der Polarisationsebene im Magnetfeld (Magnetorotation) eingeleitet. Verwandte Effekte sind der COTTON-MOUTON-Effekt (1905), bei dem ein isotroper Stoff im Magnetfeld doppelbrechend wird, sowie der POCKELS-Effekt, bei dem von Natur aus anisotrope Kristalle unter dem Einfluß eines elektrischen Feldes hinsichtlich ihrer optischen Eigenschaften verändert werden.

Da sich elektromagnetische Felder im Vakuum durchdringen, ohne sich gegenseitig zu beeinflussen, und die Beschaffenheit des koppelnden Mediums eine große Rolle für Größenordnung und Art des beobachteten Effekts spielen, wird die Bedeutung der Untersuchung solcher Erscheinungen für die Aufklärung der Struktur der Stoffe sichtbar. Der Kerreffekt zeichnet sich gegenüber anderen verwandten Erscheinungen durch seine relativ leichte Meßbarkeit aus.

2. *Theoretische Interpretation des Kerreffekts*

Im Sinne der Elektrodynamik stellt der Kerreffekt einen nichtlinearen Feldeffekt für den Grenzfall eines statischen Feldes und eines oszillierenden Feldes schwacher Intensität dar. Als koppelndes Medium wirkt ein nichtabsorbierender, isotroper Stoff. Die empirisch gefundene quadratische Feldstärkeabhängigkeit der Doppelbrechung [Gl. (1—1)] findet ihre theoretische Begründung in den Symmetrieeigenschaften der untersuchten Körper. Bei anisotropen Kristallen tritt der Pockels-Effekt auf, bei dem die Doppelbrechung linear vom elektrischen Feld abhängt.

Zur historischen Entwicklung der Vorstellungen über die Ursachen des Kerreffekts verweisen wir auf die umfangreiche Literatur [2, 3, 4, 5]. Von heutigem Wissensstand aus lassen sich vier grundlegende Ursachen für das Zustandekommen des Kerreffekts angeben:

1. Sind die Moleküle bezüglich ihrer Polarisierbarkeit anisotrop, so weicht ein in ihnen induziertes Moment (im allgemeinen) von der Feldrichtung ab. Das daraus resultierende Drehmoment ist bestrebt, die Moleküle mit der Achse der größten Polarisierbarkeit in Feldrichtung zu orientieren. Dieser Einstellung wirkt die Wärmebewegung der Teilchen entgegen [6].
2. Ein permanentes elektrisches Moment stellt eine weitere Ursache für das Auftreten eines Drehmomentes im elektrischen Feld dar [7].
3. Ein starkes Feld kann in Molekülen eine Anisotropie der Polarisierbarkeit induzieren [8, 9], bzw. die bereits vorhandene verstärken. In moderner Form wird diese Erscheinung durch das Auftreten höherer Glieder in der Reihenentwicklung des induzierten Moments nach der Feldstärke (Hyperpolarisierbarkeiten oder nichtlineare Polarisierbarkeiten) beschrieben [10, 11].
4. Fluktuationen der Positionen und Orientierungen der Teilchen, die vorübergehend zu anisotropen Mikrostrukturen führen, können selbst für isotrope Moleküle unter Feldeinfluß eine makroskopische Anisotropie ergeben [12, 13, 14, 15].

Die verschiedenen Theorien des Kerreffekts versuchen mit den unterschiedlichsten Methoden die Kerrkonstante mit den oben genannten molekularen Größen in Zusammenhang zu bringen. Dabei dienen wie bei der Theorie der dielektrischen Polarisation die zwei grundsätzlichen Möglichkeiten der Kontinuumstheorie und der molekular-statistischen Theorie als Grundlage.

2.1. Kontinuumstheorie des Kerreffekts

Das Wesen der Kontinuumstheorie besteht darin, ein Molekül als repräsentativ herauszugreifen und dessen Umgebung als Kontinuum zu betrachten. Das mittlere optische Dipolmoment wird unter Einführung eines mittleren inneren Feldes berechnet, das durch entsprechende Ansätze aus der elektrostatischen Theorie der Kontinua zu ermitteln ist. Neben dem Feldansatz ist der Ansatz für die potentielle Energie des Moleküls im Feld von Bedeutung für das Ergebnis. Die am meisten verwendete Theorie ist die LANGEVIN-BORNsche Orientierungstheorie [6, 7], die auf dem LORENTZ-Modell [16] des inneren Feldes beruht und die Beiträge 1 und 2 zum Kerreffekt berücksichtigt [4, 5]. Für die Kerrkonstante erhält man die Gleichung

$$B = \frac{N_{Av}}{108\varepsilon_0 \lambda n V} (n^2 + 2)^2 (\varepsilon + 2)^2 \{\Theta_1 + \Theta_2\} \qquad (2-1)$$

mit

$$\Theta_1 = \frac{1}{45\,\mathrm{kT}} \{(\alpha_1^w - \alpha_2^w)(\alpha_1^s - \alpha_2^s) + (\alpha_2^w - \alpha_3^w)(\alpha_2^s - \alpha_3^s) + (\alpha_3^w - \alpha_1^w)(\alpha_3^s - \alpha_1^s)\} \qquad (2-2)$$

$$\Theta_2 = \frac{1}{45(\mathrm{kT})^2} \{(\alpha_1^w - \alpha_2^w)(\mu_1^2 - \mu_2^2) + (\alpha_2^w - \alpha_3^w)(\mu_2^2 - \mu_3^2) + (\alpha_3^w - \alpha_1^w)(\mu_3^2 - \mu_1^2)\} \qquad (2-3)$$

Θ_1 und Θ_2:	Anisotropie- und Dipolglied
N_{Av}:	Avogadro-Konstante
V:	mittleres molares Volumen der Probe
k:	Boltzmann-Konstante
T:	Temperatur
$\alpha_1^w, \alpha_2^w, \alpha_3^w$:	Hauptwerte des optischen und statischen
$\alpha_1^s, \alpha_2^s, \alpha_3^s$:	Polarisierbarkeitstensors (Hauptachsen der Polarisierbarkeitsellipsoide)
$\mu_1\,\mu_2\,\mu_3$:	Komponenten des elektrischen Dipolmoments.

Durch Umstellen ergibt sich aus (2—1) eine Größe, die bei gegebener Temperatur nicht mehr vom makroskopischen Zustand der Probe abhängen sollte, die molare Kerrkonstante MK [17, 18]

$$MK = \frac{B \cdot n \cdot \lambda V}{(n^2 + 2)^2 (\varepsilon + 2)^2} = \frac{N_{Av}}{108\,\varepsilon_0} \{\Theta_1 + \Theta_2\} \qquad (2-4)$$

Da auf der rechten Seite von Gl. (2—4) außer T nur molekulare Größen auftreten, sollte sich für MK derselbe Wert ergeben, unabhängig davon, ob die Berechnung mit Daten der Flüssigkeit oder des Gases erfolgt. Für eine Mischung setzt sich MK nach der Theorie additiv aus den Beiträgen der einzelnen Komponenten zusammen, sollte also in einer binären Mischung linear vom Molenbruch X abhängen [17, 18, 4, 5]:

$$MK = \sum_i X_i\, MK_{io} \qquad (2-5)$$

MK_{oi} ist die molare Kerrkonstante der reinen Komponente i.

Die experimentellen Ergebnisse zeigen jedoch, daß die molaren Kerrkonstanten der Flüssigkeiten viel kleiner als die der gasförmigen Stoffe sind. Ebenso ist Gl. (2—5) in der Praxis nur selten erfüllt. Die Abweichungen sind im wesentlichen durch die Unzulänglichkeiten des LORENTZ-Modells begründet (Vernachlässigung der zwischenmolekularen Wechselwirkungen; Annahme eines isotropen inneren Feldes).

Raman und Krishnan [19] erweitern die Langevin-Bornsche Theorie durch Modifizierung des Lorentz-Modells auf anisotrope Bedingungen, ohne zu durchgreifenden Verbesserungen zu gelangen.

Auf der Basis des verbesserten Feldansatzes von Onsager [20] leitet Klages [21] einen Ausdruck für die Kerrkonstante ab. Danach tritt auf der rechten Seite von Gl. (2—1) ein Reduktionsfaktor auf, der für unpolare Moleküle gleich Eins wird. Auf dieser Basis berechnete Kerrkonstanten weichen für polare Stoffe nicht mehr so stark von den experimentellen Werten ab, wie die mit dem Lorentz-Modell berechneten. Die molaren Kerrkonstanten der Flüssigkeiten liegen auch näher an den Werten in der Gasphase. Verbleibende Abweichungen können ihre Ursache in Assoziationserscheinungen haben. Dieser Zusammenhang wird beim Vergleich des Verhältnisses von der mit dem Onsager-Feld zu der aus den Gasmessungen berechneten molaren Kerrkonstante mit dem Kirkwoodschen Korrelationsfaktor g sichtbar [21, 22].

Verbesserungen in der Theorie des Kerreffekts auf der Grundlage des anisotropen Feldmodells von Scholte [23] bringen die Theorien von Klages [24] und Steppuhn [25] für unpolare und polare Flüssigkeiten sowie für Mischungen aus einer unpolaren und einer polaren Komponente. Dabei wird die Abweichung der realen Molekülform von der Kugelgeometrie berücksichtigt. Das Problem der Bestimmung der geometrischen Parameter der Moleküle läßt sich durch Einführung dielektrischer Größen der „Molekülmaterie“ umgehen [24]. Jedoch ist die Bestimmung dieser Dielektrizitätszahlen und Brechzahlen der „Molekülmaterie“ mit einigen Problemen verbunden, die eine Verallgemeinerung auf große Stoffklassen erschweren [24, 25, 26]. Wegen der mathematischen Kompliziertheit des anisotropen Feldmodells kann keine molare Kerrkonstante im Sinne von Gl. (2—4) mehr eingeführt werden. Für stark polare Moleküle bietet sich jedoch bei Vernachlässigung des Anisotropiegliedes die Ermittlung des Dipolanteils der molaren Kerrkonstante an, für den in bestimmten Mischungen ein nahezu konzentrationsunabhängiger Verlauf gefunden werden kann [25].

Die Theorien von Rao [27] und Proutiere [28] vermeiden die Einführung der Näherungen für die Molekülgeometrie. Obwohl beide auf demselben Feldmodell beruhen, weichen die Ergebnisse deutlich voneinander ab. Hier zeigen sich die Diskrepanzen, die in der Theorie auftreten, wenn die Behandlung des Ansatzes für die potentielle Energie vereinfacht und nicht im strengen Sinne des Reaktionsfeldkonzepts vorgenommen wird. Alle bisher diskutierten Theorien haben den Beitrag der potentiellen Energie zur Polarisation der Umgebung des Moleküls [29] vernachlässigt. Proutiere [28] vernachlässigt darüber hinaus die durch das statische Feld hervorgerufene Anisotropie des Mediums, die zu unterschiedlichen Korrekturen für die beiden Hauptschwingungsrichtungen der Lichtwelle in der Probe führt.

Eine Modifizierung des Ansatzes für die potentielle Energie, mit der bei Annahme des Lorentz-Modells die zwischenmolekularen Wechselwirkungen in grober Form berücksichtigt werden, liegt die Theorie von Vuks [30] zugrunde. Die Korrekturterme für das innere Feld erscheinen im Gegensatz zu Gl. (2—1) nur noch linear, so daß die berechneten Kerrkonstanten erheblich besser mit den experimentellen übereinstimmen. Zu ähnlichen Ausdrücken gelangt ZAMKOV [31] bei Annahme der Elektrostriktion als entscheidende Ursache für die Doppelbrechung.

Die Zielstellung, gültige Aussagen über den Einfluß der verschiedenen Feldmodelle auf die aus dem Kerreffekt berechneten Polarisierbarkeitsellipsoide zu erhalten, führt KUBALL und GÖB [32, 33] zu einer Verallgemeinerung des Kontinuumsmodells. Die Hyperpolarisierbarkeiten werden in die theoretischen Ansätze mit einbezogen. LIPTAY und SCHLOSSER [34] erweitern die Entwicklungen von KUBALL und GÖB durch Berücksichtigung der Fluktuationen des Reaktionsfeldes, die in Molekülsystemen mit Quadrupolwechselwirkungen von Bedeutung sind.

Abgesehen von Verbesserungen im mathematischen Vorgehen ist die Theorie des Kerreffekts auf der Basis des Kontinuumsmodells an einer gewissen Grenze angelangt. Der entscheidende Mangel des Kontinuumsmodells besteht in der Vernachlässigung der Nahordnung in den interessierenden flüssigen Systemen. Die unmittelbare Umgebung eines Moleküls wird makroskopisch betrachtet. Diese Annahme ist jedoch sehr fragwürdig, worauf besonders von KIRKWOOD [22] hingewiesen wird. Entsprechende weiterführende Feldmodelle, bei denen eine mikroskopische Polarisation in näherer Umgebung der Moleküle berücksichtigt wird [35], sind noch nicht auf den Kerreffekt angewendet worden.

Eine gewisse Zwischenstellung nimmt die Theorie von ORTTUNG und MEYERS [36] ein, welche die gegenseitige Behinderung der Moleküle durch Einführung eines statistischen Dipol-Korrelationsfaktors in das Feldmodell von SCHOLTE berücksichtigt. Nicht in den Rahmen der Kontinuumstheorie paßt die Theorie von OKABAYASHI [37], obwohl ebenfalls Überlegungen aus der Elektrostatik verwendet werden. Das innere Feld hängt nicht mehr von der Umgebung des repräsentativen Teilchens ab, sondern nur noch von seinen elektrischen und geometrischen Eigenschaften. Die Übereinstimmung zwischen Theorie und Experiment ist für die meisten zum Vergleich herangezogenen Stoffe gut.

2.2. Molekular-statistische Theorie des Kerreffekts

Die unter dem Begriff der molekular-statistischen Behandlungsweise zusammengefaßten Theorien des Kerreffekts betrachten die in der Umgebung eines Moleküls vorhandenen Partikel als molekulare Individuen. Bei der quantitativen Berechnung werden verfeinerte Methoden der statistischen Mechanik angewendet. Den ersten Versuch, die zwischenmolekularen Wechselwirkungen bei der Berechnung der Kerrkonstante eines reinen unpolaren Stoffes zu berücksichtigen, macht ANSELM [38]. Die Kerrkonstante wird außer von der molekularen optischen Anisotropie gemäß Gl. (2—2) von einem Term bestimmt, mit dem die Orientierungskorrelationen zwischen den Molekülen berücksichtigt werden.

Die Berücksichtigung der Druckabhängigkeit der molaren Kerrkonstante von realen Gasen führt zu einer Virialentwicklung der molaren Kerrkonstante, deren Koeffizienten mit dem zwischenmolekularen Potential zusammenhängen [39]. Bereits bei verdünnten Lösungen sind starke Vereinfachungen der allgemeinen molekular-statistischen Ansätze notwendig, um zu Gleichungen zu gelangen, die den Zusammenhang zwischen der Kerrkonstante und entsprechenden molekularen Größen beschreiben [40]. Für gelöste polare Moleküle ergibt die Theorie jedoch eine theoretische Rechtfertigung für die experimentell gefundene Regel [41], nach der die molare Kerrkonstante bei unendlicher Verdünnung in einem einfachen Zusammenhang mit dem scheinbaren Dipolmoment steht [40].

Eine Modifizierung der Kirkwoodschen Behandlung [22] der Rotationsbehinderung erlaubt die Berechnung des statistischen Mittelwerts für den Dipolterm der molaren Kerrkonstante einer stark polaren Flüssigkeit [42]. Bei Vernachlässigung der kurzreichenden Wechselwirkungen und Annahme des Onsager-Modells [20] der polaren Flüssigkeit, geht die statistische Theorie in das von Klages [21] erhaltene Resultat über [42]. Die Annahme spezieller Strukturmodelle der Nahordnung erlaubt die Berechnung der Temperaturabhängigkeit der Kerrkonstante einer so polaren und sich durch ausgeprägte Assoziation auszeichnenden Substanz wie Wasser.

Eine Verallgemeinerung der statistischen Theorie des Kerreffekts zeigt, daß im Fall anisotroper Moleküle prinzipiell kein geschlossener Ausdruck für die Kerrkonstante erhalten wird [43]. Mit verschiedenen Näherungen lassen sich Terme berechnen, die zur molaren Kerrkonstante beitragen und die molekularen Verteilungsfunktionen enthalten.

Umfangreiche Untersuchungen zur Theorie des Kerreffekts im Rahmen einer molekular-statistischen Theorie der nichtlinearen Feldeffekte führen zu Gleichungen, die verschiedene Orientierungskorrelationsparameter enthalten [44, 45, 46] und eine strenge statistische Begründung empirischer Korrekturparameter ergeben [47]. Für Mischungen entwickelt Kielich [48] eine Theorie, deren Ergebnis eine Darstellung der molaren Kerrkonstante nach Gl. (2—4) als Funktion von Potenzen der Molenbrüche der beteiligten Komponenten ist. Die linearen Terme entsprechen darin den molaren Kerrkonstanten des Systems bei Vernachlässigung der zwischenmolekularen Wechselwirkungen, die höheren Terme berücksichtigen sukzessive Orientierungskorrelationen zwischen den Molekülen.

Die zur Abweichung vom Lorentz-Feld führenden elektrostatischen Wechselwirkungen zwischen den Molekülen werden jedoch vernachlässigt. Die Theorie erbringt die theoretische Begründung der experimentell gefundenen Nichtlinearität des Konzentrationsverlaufs der molaren Kerrkonstante einer Mischung.

Die Beeinflussung der molekularen Verteilung der Teilchen und die Modifizierung des zwischenmolekularen Potentials durch das statische Feld liegen zahlreichen Theorien für den Kerreffekt von Systemen mit isotropen Konstituenten zugrunde [49, 13, 14, 15]. Neben den molekularen Hyperpolarisierbarkeiten leisten sogenannte Translationsfluktuationen einen bedeutenden Beitrag zum Kerreffekt isotroper oder nur gering anisotroper Moleküle (s. Punkt 4 der dargelegten Ursachen des Kerreffektes). Im Rahmen der Theorie der polaren Fluide sind Gleichungen für die Kerrkonstante abgeleitet worden [50, 51], die jedoch über eine theoretische Bedeutung für die Klärung gewisser mit dem Aufbau der polaren Flüssigkeiten zusammenhängender Fragen [52] hinaus keine praktische Anwendung erfahren haben.

Ein bedeutendes Fazit der statistischen Theorien des Kerreffekts besteht in der Bereicherung der Kenntnisse über die molekularen Ursachen für das Entstehen des Kerreffekts und die Zusammenhänge mit dem Aufbau der Stoffe. Von entscheidendem Nachteil ist jedoch die bis jetzt fehlende Möglichkeit (von speziellen Modellfällen abgesehen), mit Hilfe der molekular-statistischen Theorie die Kerrkonstante eindeutig mit anderweitig bestimmten molekularen Parametern und makroskopischen Eigenschaften der interessierenden Proben in Zusammenhang zu bringen. Ursache ist letztlich das Fehlen der hinreichenden Kenntnis über Stärke und Richtung der zwischenmolekularen Kräfte und damit über die Nahordnungen in den Flüssigkeiten.

3. *Anwendung des Kerreffekts auf Probleme der physikalischen Chemie*

3.1. Kerreffekt und Moleküleigenschaften

3.1.1. Polarisierbarkeitsellipsoid

In der physikalischen Chemie findet der Kerreffekt die breiteste Anwendung zur Bestimmung der optischen Polarisierbarkeitsellipsoide und davon ausgehend zur Ermittlung der Molekülstruktur [4, 5, 41, 53, 54, 55]. Bei der Untersuchung polarer Moleküle müssen zusätzliche Informationen aus der Lichtstreuung herangezogen werden [4, 5].

Da die LANGEVIN-BORNsche Gleichung (2—1) exakt nur für stark verdünnte Gase gilt, sind die Polarisierbarkeitsellipsoide anfänglich im wesentlichen aus Messungen der Kerrkonstanten im Gaszustand bestimmt worden [4]. Die experimentellen Schwierigkeiten führen jedoch dazu, daß die meisten bisher bestimmten Polarisierbarkeitsellipsoide Messungen des Kerreffekts in verdünnten Lösungen entstammen [18, 56, 41, 54, 5].

Die Abweichung von Gl. (2—5) wird als Konzentrationsabhängigkeit der molaren Kerrkonstante der einen reinen Komponente (B) erfaßt:

$$MK_{\mathrm{B}} = MK_{\mathrm{OA}} + \frac{MK - MK_{\mathrm{OA}}}{x_{\mathrm{B}}} \qquad (3-1)$$

Aus Messungen im sehr verdünnten Konzentrationsbereich kann durch Extrapolation die molare Kerrkonstante bei „unendlicher Verdünnung“ erhalten werden. Die Wechselwirkungen zwischen den Molekülen der interessierenden Komponente werden damit eliminiert [17, 18]. Mit der Orientierungstheorie läßt sich aus $MK_{B\infty}$ näherungsweise das Polarisierbarkeitsellipsoid des isolierten Moleküls berechnen.

Gewöhnlich werden numerische Extrapolationsverfahren verwendet, wobei verschiedene Korrekturen die $MK_{B,\infty}$-Werte besser an die molaren Kerrkonstanten im Gaszustand angleichen sollen [5, 41, 54, 55, 57, 58]. Aus den Polarisierbarkeitsellipsoiden der Moleküle können für verschiedene Stoffklassen Bindungspolarisierbarkeitsellipsoide ermittelt werden. Diese Größen sind bei der Strukturaufklärung und Konformationsanalyse organischer Moleküle von Bedeutung [5, 55, 59, 60]. Andererseits kann das unbekannte molekulare Polarisierbarkeitsellipsoid eines bestimmten Moleküls aus den Bindungspolarisierbarkeitsellpisoiden berechnet werden. Erfolgt die Bestimmung der Extrapolationswerte auf der Basis des Lorentz-Modells, so hängen die ermittelten Polarisierbarkeitsellipsoide meist von der Art des Lösungsmittels ab. Prinzipiell sind durch Verwendung verbesserter Feldmodelle auch realere Polarisierbarkeitsellipsoide zu gewinnen [32, 33, 61, 62]. Dabei steigt der Rechenaufwand stark an. Mit dem Feldmodell von Scholte und der Theorie von Vuks werden für unpolare, rotationssymmetrische Moleküle sehr gute Ergebnisse erhalten. Für polare Moleküle sind auch mit verbesserten Ansätzen des inneren Feldes im Rahmen der Kontinuumstheorie nur noch orientierende Werte für das Polarisierbarkeitsellipsoid zu erhalten [61, 62].

Zur Ermittlung brauchbarer Polarisierbarkeitsellipsoide für stark assoziierende Stoffe, wie Wasser, muß der Dipolkorrelation [22, 36, 42] Rechnung getragen werden.

3.1.2. Hyperpolarisierbarkeiten

Bei hinreichend großen Feldstärken kann das induzierte Moment nicht mehr als lineare Funktion der Feldstärke betrachtet werden. Die Entwicklungskoeffizienten in den höheren Gliedern der entsprechenden Taylorreihe werden als 1., 2., ... Hyperpolarisierbarkeiten bezeichnet. Diese können mit Kerruntersuchungen bestimmt werden, da ihr Beitrag zum Kerreffekt mitunter beträchtlich ist [9, 11, 42, 50, 73]. Die angemessene Berücksichtigung der Hyperpolarisierbarkeiten ist wesentliche Voraussetzung für die Bestimmung realistischer Polarisierbarkeitsellipsoide [73].

Wegen der mit der Problematik des inneren Feldes in Flüssigkeiten verbundenen Schwierigkeiten sind Messungen an Gasen für die Bestimmung der Hyperpolarisierbarkeiten günstiger. Dazu bietet sich die Temperaturabhängigkeit der molaren Kerrkonstante an [12, 49, 71, 79, 80, 81].

Neben den Beiträgen der Anisotropie und des Dipolmoments tritt ein temperaturunabhängiger Term auf, der die 2. Hyperpolarisierbarkeit enthält [9]. Dieser Term wird gewöhnlich durch Extrapolation auf $1/T = 0$ aus den Meßwerten bestimmt. Die erreichbare Genauigkeit ist zur Zeit noch nicht sehr hoch.

Prinzipiell auf die gleiche Weise ist die Bestimmung der Hyperpolarisierbarkeiten in Flüssigkeiten möglich [74, 42], wobei ergänzende Lichtstreuungsmessungen zu empfehlen sind [75—78]. Hyperpolarisierbarkeiten aus Flüssigkeitsmessungen sind durch die zwischenmolekularen Wechselwirkungen belastet.

3.1.3. Quadrupolmomente

Werden zur Erzeugung der optischen Anisotropie stark inhomogene Felder verwendet, so ist auch die Bestimmung von Quadrupolmomenten aus der Untersuchung der induzierten Doppelbrechung möglich [82, 83].

3.2. Kerreffekt und zwischenmolekulare Wechselwirkungen

Auf Grund ihrer außerordentlichen starken Abhängigkeit von der Molekülstruktur und den Wechselwirkungskräften in der Probe ist die Kerrkonstante ein empfindlicher Indikator für die Nahordnung der Moleküle.

Bei realen Gasen äußern sich die zwischenmolekularen Wechselwirkungen in der Druckabhängigkeit der molaren Kerrkonstante, die über eine Virialentwicklung erfaßt wird [39, 49]. Der zweite Kerr-Virialkoeffizient hängt unmittelbar mit dem zwischenmolekularen Paarpotential zusammen [49, 12, 71]. Während bei unpolaren Gasen die Berechnungen zu relativ guten Übereinstimmungen mit dem Experiment führen, werden für polare Gase häufig nicht einmal die Vorzeichen richtig wiedergegeben [71, 72]. Gegenwärtig erlauben die theoretischen Konzepte keine quantitativen Aussagen über den Zusammenhang von Kerreffekt und zwischenmolekularem Potential.

Bei Flüssigkeiten wird oft beobachtet, daß bereits geringe Zugaben einer zweiten Komponente zu einer starken Veränderung der Kerrkonstante führen. Bisweilen treten sogar Maxima oder Minima in der Abhängigkeit von der Zusammensetzung auf. Besonders stark sind diese Änderungen bei Stoffen, deren Moleküle sich durch die Fähigkeit auszeichnen, Komplexe oder Assoziate zu bilden. Hierzu gehören sowohl die Substanzen, deren Moleküle in der Lage sind, Wasserstoffbrücken zu bilden, als auch die bevorzugt EDA-Wechselwirkungen mit benachbarten Molekülen eingehenden Partikel [63, 64]. Wird die Kerrkonstante für definierte Komplexe berechnet, so sind aus dem Vergleich mit den beobachteten Daten Aussagen über die Form und die Stöchiometrie der Komplexbildung möglich [65, 66, 67, 68].

Einfache theoretische Überlegungen führen zu der Schlußfolgerung, daß ein Zusammenhang zwischen der Art der Konzentrationsabhängigkeit und der Änderung der zwischenmolekularen Wechselwirkungen beim Mischen auch für Systeme nichtkomplexbildender Stoffe besteht [69]. Diese Schlußfolgerung wird durch die Möglichkeit, die Abweichungen der Kerrkonstante der Mischung von einer linearen Konzentrationsabhängigkeit mit der Änderung der Wechselwirkungsenergie zu korrelieren, bestätigt [69, 70]. Die Korrelationen sind im wesentlichen linear und unterscheiden sich bezüglich der Anstiege der Geraden für verschiedene Mischungstypen. Die besonders bei Systemen mit polaren Komponenten auftretenden Streuungen und Abweichungen von der linearen Korrelation zeigen, daß die Richtungsabhängigkeit der Wechselwirkung und die Form der Moleküle einen nicht zu unterschätzenden Beitrag zum Konzentrationsverhalten des Kerreffektes leisten [69].

Im folgenden geben wir einen Überblick zu den eigenen Arbeiten auf diesem Gebiet.

3.2.1. Kerreffekt und thermodynamische Eigenschaften

Obgleich eine Reihe von Theorien vorliegt, mit denen der Kerreffekt von flüssigen Systemen auf molekular-statistischer Grundlage im Zusammenhang mit den zwischenmolekularen Wechselwirkungen interpretiert wird [39, 42, 48, 84], ist die Anwendung der theoretischen Beziehungen durch die Schwierigkeiten, ein adäquates Modell der Flüssigkeitsstruktur zu finden, sehr erschwert. Ausgangspunkt der seit 1969 bei uns durchgeführten Untersuchungen des Kerreffekts war deshalb der Gedanke, auf empirischer Basis nach Zusammenhängen zwischen den Konzentrations- und Temperaturabhängigkeiten dielektrischer und elektrooptischer Größen einerseits und den entsprechenden Abhängigkeiten thermodynamischer Eigenschaften, die Aussagen über die zwischenmolekularen Wechselwirkungen enthalten, andererseits zu suchen. Hierzu wurden von uns die Kerrkonstanten von über 60 binären Systemen über den gesamten Konzentrationsbereich und bei mehreren Temperaturen gemessen (siehe Anhang). Die Auswahl der Systeme — meist aus einer unpolaren und einer polaren Komponente [85—89, 26, 70] — beschränkt sich hauptsächlich auf Stoffe niedriger Leitfähigkeit. Meßwerte existieren speziell für Systeme aus Alkanen, Cyclohexan und Benzolderivaten mit halogenierten Kohlenwasserstoffen, Carbonsäureestern und Schwefelkohlenstoff und für Systeme aus Pyridin mit verschiedenen unpolaren und stärker polaren Zweitkomponenten [90]. Bereits STUART [4] weist auf die Problematik hin, die sich mit der Annahme des LORENTZ-Feldes für die Übereinstimmung der aus Flüssigkeitsdaten einerseits und aus Gasmessungen andererseits berechneten molaren Kerrkonstanten reiner Stoffe ergibt. Die molaren Kerrkonstanten der Flüssigkeiten sind gewöhnlich kleiner als die der Gase. Berechnet man in Gl. (2—1) die Θ-Terme aus den Daten in der Gasphase, so kann bei alleiniger Berücksichtigung der unterschiedlichen Dichte von Flüssigkeit und Gas die Kerrkonstante der Flüssigkeit berechnet werden. Die Abweichung der berechneten von den experimentellen Werten dürfte im wesentlichen auf die zunehmende Orientierung in der flüssigen Phase auf Grund der zwischenmolekularen Wechselwirkungen zurückzuführen sein. Wir fassen die aus Gasmessungen berechnete Kerrkonstante als Idealwert auf, der infolge der zwischenmolekularen Kraftwirkungen nicht erreicht wird und erhalten eine Korrelation der Differenz von berechneter und experimenteller Kerrkonstante mit der Verdampfungsenergie [85, 91, 93]. Unter Verwendung von experimentellen Daten aus der Literatur und von eigenen Meßwerten [94, 95, 86, 87] ergeben sich für verschiedene Stoffklassen unterschiedliche Zusammenhänge zwischen der Differenz der Kerrkonstanten und der Verdampfungsenergie. Während sich für die n-Alkane in guter Näherung ein linearer Zusammenhang nachweisen läßt, der auch für verzweigte Alkane zu existieren scheint [91, 93], zeigen die Benzolderivate einen parabelähnlichen Verlauf der Korrelation [86, 87, 89].

Aus der Temperaturabhängigkeit der Kerrkonstante reiner Stoffe berechnen wir in Analogie zur Temperaturabhängigkeit der Dielektrizitätszahlen [96] einen formalen Energieparameter ΔE^{*B}

$$\left(\frac{\partial \ln B}{\partial T}\right)_P = \frac{\Delta E^{*B}}{RT^2} \qquad (3-2)$$

Die bei den n-Alkanen nahezu linear mit der Kettenlänge anwachsenden ΔE^{*B}-Werte (Größenordnung bei 25 °C : 1 . . . 5 kJ mol^{-1}) zeigen ebenfalls einen linearen Zusammenhang mit der Verdampfungsenergie [91].

Wir wählen die freie Exzeßenthalpie G^E als Maß für die in der Mischung auftretenden Wechselwirkungseffekte und korrelieren sie mit Abweichungen der molaren Kerrkonstante von der Additivität:

$$MK^E = MK - (X_A MK_{OA} + X_B MK_{OB}) \qquad (3-3)$$

Eine theoretische Rechtfertigung dieser Korrelation ist durch die Tatsache gegeben, daß Gl. (2—5) mit dem Lorentz-Modell streng gilt, wenn sich die Wechselwirkungen zwischen den Molekülen am Ort des repräsentativen Moleküls gegenseitig aufheben.

Unsere Untersuchung einer großen Zahl von Systemen gestattet die Formulierung einer der Brandt-Schachparonow-Regel analogen Regel [85, 92, 93]

$$MK^E \cdot G^E > 0 \qquad (3-4)$$

Eine Erweiterung der von Lutskij [69] vorgeschlagenen Korrelation zwischen Kerreffekt und zwischenmolekularem Paarpotential in Mischungen ist möglich, wenn außer dem Lorentz-Modell andere Feldmodelle einbezogen werden [70].

3.2.2. Mischungsverhalten der molaren Kerrkonstante und Feldansatz

Die experimentelle Untersuchung der Konzentrationsabhängigkeit der molaren Kerrkonstante zeigt, daß für die überwiegende Zahl der gemessenen Systeme der auf dem Lorentz-Modell beruhende lineare Ansatz (2—5) für die molare Kerrkonstante der Mischung nicht erfüllt wird. Für den Zusammenhang von Mischungsverhalten und Feldansatz [85, 91—93] lassen sich folgende Aussagen treffen:

1. Bei den auf der Basis des Lorentz-Modells berechneten molaren Kerrkonstanten treten sowohl nur positive als auch nur negative, aber auch positive und negative Abweichungen von (2—5) auf. Ein eindeutiger Zusammenhang zwischen der Form der Abweichungen und der Art der Komponenten kann nicht gefunden werden. Interessanterweise können bei Systemen mit relativ stark polaren Komponenten die Abweichungen innerhalb der Fehlergrenze liegen, obwohl elektrostatische Wechselwirkungen zu erwarten sind, die im Lorentz-Modell nicht berücksichtigt werden [26].

2. Für die auf der Basis des ONSAGER-Modells berechneten molaren Kerrkonstanten ergeben sich bei vielen Mischungen mit polaren Komponenten Verbesserungen, bei einigen jedoch auch Verschlechterungen der Erfüllung von Gl. (2—5) [85, 26]. Wenn sich die verschiedenen Einflüsse auf den Verlauf der molaren Kerrkonstante (LORENTZ-Feld) kompensieren, so verbleibt nach Erfassung der elektrostatischen Wechselwirkungen (ONSAGER-Modell) der Einfluß der Nahordnung.

3. Während die Größenordnung der berechneten molaren Kerrkonstante nach VUKS besser mit den Gaswerten übereinstimmt, ist für die Linearitätsbeziehung (2—5) kein Zusammenhang mit den Eigenschaften der Mischungskomponenten erkennbar. Oft sind die Abweichungen der molaren Kerrkonstante von der Linearität größer als bei den vorher diskutierten Feldmodellen.

4. Für Systeme aus halogenierten Alkanen in n-Hexan, Cyclohexan und Benzol kann die von STEPPUHN [25] gefundene verminderte Konzentrationsabhängigkeit des Dipolanteils der molaren Kerrkonstante der gelösten polaren Komponente nicht bestätigt werden. Als problematisch erweist sich besonders die Ermittlung der Parameter der „Molekülmaterie“, die zu einer teilweisen Vernachlässigung der Anisotropie der Polarisierbarkeit führt [26].

Die Bestimmung der molaren Kerrkonstante bei „unendlicher Verdünnung“ gestattet näherungsweise eine realistische Berechnung der molekularen Parameter des „freien“ Moleküls [4, 5, 17]. Die auf der Basis des LORENTZ-Modells berechneten molaren Kerrkonstanten bei „unendlicher Verdünnung“ weichen jedoch bei allen von uns untersuchten Systemen stark von den molaren Kerrkonstanten in der Gasphase ab. Verbesserungen ergeben sich bei Verwendung des ONSAGER-Modells. Werden die Extrapolationswerte auf der Grundlage der Theorien von VUKS bestimmt, so übersteigen diese z. T. die Gaswerte [85—88, 91].

Für Methacrylsäuremethylester zeigen die Extrapolationswerte eine starke Abhängigkeit vom Lösungsmittel, wobei $MK_{B,\infty}$ mit steigender Polarität des Lösungsmittels abnimmt. Der Abfall wird bei Verwendung des ONSAGER-Modells kleiner [91]. Die Ergebnisse machen deutlich, daß allein auf der Basis der Kontinuumstheorie keine begründeten Aussagen zum Zusammenhang des Kerreffekts und der zwischenmolekularen Wechselwirkungen erhalten werden können.

In den bisherigen Untersuchungen erfolgt keine Berücksichtigung der Molekülform. Untersuchungen auf dem Gebiet der dielektrischen Polarisation zeigten jedoch, daß ein Teil der Probleme durch Berücksichtigung der realen Molekülform gelöst werden kann [23, 29].

3.2.3. Einfluß der Molekülform auf das elektrooptische Verhalten

Bei der theoretischen Untersuchung des Feldmodells von SCHOLTE für den Kerreffekt gelangen wir zu einer Gleichung für die Kerrkonstante, die bis auf den Korrekturfaktor für das innere Lichtfeld mit entsprechenden Ausdrücken von KUBALL und GÖB [32, 33] übereinstimmt. Im Gegensatz zu KUBALL und GÖB berücksichtigen wir den Einfluß der vom elektrischen Feld induzierten Anisotropie auf die optischen Reaktionsfeldkorrekturen. Des weiteren verwenden wir einen realistischen Ansatz für die potentielle Energie des Moleküls im Feld [97, 98]. Wie bereits KUBALL und GÖB zeigen [33], kann auf der Basis dieses Feldmodells keine molare Kerrkonstante im herkömmlichen Sinne eingeführt werden, da die molekularen Parameter in den Θ-Termen Gln. (2—2) und (2—3) mit den richtungsabhängigen Korrekturfaktoren für die inneren Felder behaftet sind. Durch einige Näherungen können wir modifizierte molare Kerrkonstanten definieren und aus deren Konzentrationsverhalten folgende Aussagen formulieren:

1. Die Reaktionsfeldkorrekturen führen bei entsprechend stark polaren Stoffen zu einer Vergrößerung der modifizierten molaren Kerrkonstante über den Gaswert hinaus. Die Vergrößerung ist umso stärker, je stärker die Rolle des Reaktionsfeldes für eine bestimmte Komponente ist und hängt deshalb mit der Stärke der elektrostatischen Wechselwirkung in der Mischung zusammen.

2. Die geometrische Anisotropie der Moleküle führt im Normalfall wegen der damit verbundenen Abflachung der optischen und elektrischen Anisotropie [33] zu einer Verkleinerung der modifizierten molaren Kerrkonstanten gegenüber den Gaswerten.

Dieses Verhalten wird an Systemen aus verschieden stark polaren Benzolderivaten in n-Hexan bestätigt [97, 98]. Bei schwach polaren Komponenten reicht der Reaktionsfeldeinfluß nicht aus, um die mit der Formanisotropie verbundene Abflachung der optischen Anisotropie zu kompensieren. Anhand einer Berechnung für Chlorbenzol diskutieren wir einen Zusammenhang zwischen dem durch den Reaktionsfelddefekt vergrößerten effektiven Dipolmoment und der modifizierten molaren Kerrkonstante. Das Verhältnis von modifizierter molarer Kerrkonstante und molarer Kerrkonstante im Gaszustand stimmt mit dem Quadrat des Verhältnisses von effektivem Dipolmoment und Gasdipolmoment überein.

Unsere direkte Berechnung der Kerrkonstante von Flüssigkeiten und flüssigen Mischungen aus den Daten von Brechzahl, Dielektrizitätszahl und Dichte sowie Molekülparametern gestattet die Formulierung folgender Ergebnisse [97, 98]:

1. Die auf der Basis des SCHOLTE-Modells berechneten Kerrkonstanten sind bei verbesserter Übereinstimmung mit den experimentellen Werten gegenüber den anderen Modellen zu klein, wenn die aus der Struktur des „freien" Moleküls bestimmten Geometrieparameter zugrunde gelegt werden.

2. Es zeigt sich eine starke Abhängigkeit der berechneten Werte von der Wahl des Polarisierbarkeitsellipsoids und der Größe des Volumens des Molekülellipsoids.

3. Eine Adjustierung der Geometrieparameter an die experimentellen Kerrkonstanten bei vorgegebenen Werten für Polarisierbarkeitsellipsoid und Molekülvolumen führt zu einer Abnahme der geometrischen Anisotropie der Moleküle. Die scheinbare Verkleinerung der Anisotropie hängt offenbar mit den zwischenmolekularen Wechselwirkungen zusammen.

4. Auch physikalisch unsinnige Werte für die Anisotropieparameter führen zur Übereinstimmung von berechneten und experimentellen Werten der Kerrkon-

stante, so daß ergänzende Aussagen zur Auswahl der Anisotropieparameter notwendig sind. Dazu bieten sich an: Dielektrische Polarisation, Lichtstreuung, Temperatur- und Konzentrationsabhängigkeit der Kerrkonstante.

5. Die Berechnung der Konzentrationsabhängigkeit liefert bei unabhängiger Wahl der an die Kerrkonstanten der reinen Komponenten adjustierten Anisotropieparameter gute bis sehr gute Übereinstimmung mit dem experimentell gefundenen Verlauf.

3.2.4. Kerreffekt und zwischenmolekulare Orientierungskorrelation

Unsere Ableitung der Beziehung für die molare Kerrkonstante auf der Basis der klassischen statistischen Mechanik [97, 98] führt zu Gleichungen, die eine Erweiterung der von KIELICH [48] entwickelten statistischen Theorie der Mischungen für die Einbeziehung der weitreichenden elektrostatischen Wechselwirkungen darstellen. Die effektiven elektrischen Molekülgrößen werden darin durch makroskopische Ausdrücke genähert, mit denen die von der gegenseitigen Polarisation der Teilchen herrührenden Reaktionsfeldeffekte im Sinne von ONSAGER [20] berücksichtigt werden. Die Ableitung führt zu einem Ausdruck, mit dem die molare Kerrkonstante nach KLAGES [21] in Zusammenhang mit den elektrischen Moleküleigenschaften und den Orientierungskorrelationen interpretiert wird. Die Gleichungen enthalten Parameter der zwischenmolekularen Orientierungskorrelation, deren Bestimmung Informationen über die gegenseitige Anordnung der Moleküle in der Flüssigkeit erlaubt [97, 98].

Die für Benzol und andere schwach polare Benzolderivate erhaltenen negativen Anisotropiekorrelationsparameter entsprechen der beobachteten Verkleinerung der molaren Kerrkonstante der Flüssigkeit gegenüber der des Gases und damit einer Tendenz zu bevorzugter orthogonaler Orienterung der Moleküle.

Für genügend stark polare Stoffe erhalten wir mit einigen Näherungen einen Zusammenhang zwischen elektrooptischen Größen und dem KIRKWOODschen Dipolkorrelationsfaktor [22, 97, 90]. Für eine Reihe von Stoffen stimmen die so berechneten Werte für den Korrelationsfaktor mit den aus der dielektrischen Theorie erhaltenen überein.

Obwohl die Verhältnisse in Mischungen komplizierter und unübersichtlicher werden, ist es möglich, aus der Abweichung der auf „unendliche Verdünnung" extrapolierten molaren Kerrkonstante von der im Gaszustand einen Parameter der Anisotropiekorrelation für die Wechselwirkung zwischen den Molekülen verschiedener Komponenten zu berechnen. Ebenso kann für Mischungen aus zwei unpolaren Komponenten die Konzentrationsabhängigkeit der Korrelation ermittelt werden [97, 98].

Für eine bevorzugte Senkrechtorientierung benachbarter Benzolmoleküle sprechen auch Elektronenbeugungsuntersuchungen von ROTH [99] sowie neuere Röntgenbeugungsuntersuchungen von NARTEN [99]. Moderne statistisch-mechanische Berechnungen mit dem sogenannten RISM-Modell von LOWDEN und CHANDLER [100] ergeben auch eine bevorzugte Senkrechtorientierung.

Unsere bisherigen Untersuchungen zeigen, daß sowohl durch Verfeinerung der Modelle als auch auf der Basis der statistischen Theorie der Kerreffekt als eine unabhängige Methode durchaus quantitative Aussagen zur zwischenmolekularen Wechselwirkung erlaubt. Die weitere Fundierung der gefundenen Zusammenhänge erfordert die Übertragung auf eine noch größere Zahl von Mischungen. Dabei wird es weiterhin erforderlich sein, auch andere molekulare Orientierungsphänomene wie die dielektische Polarisation und die Lichtstreuung in die Auswertung einzubeziehen.

Anhang

Liste der binären Systeme, für die Kerrkonstanten gemessen wurden

Nr.	System	Temperaturbereich $\frac{\vartheta}{°C}$	Lit.
	n-Hexan		
1	+ n-Heptan	20	86
2	+ Dodecan	20	87
3	+ Cyclohexan	20	87
4	+ Benzol	20–40	98
5	+ Toluol	20–40	98
6	+ Äthylbenzol	20–40	98
7	+ o-Xylol	20	98
8	+ Mesitylen	20	87
9	+ 1-Chlorpropan	20	26
10	+ 1-Chlorbutan	20	26
11	+ Chlorbenzol	20–40	98
	Cyclohexan		
12	+ Toluol	20	87
13	+ Mesitylen	20	87
14	+ Tetrachlormethan	20	87
15	+ 1-Chlorpropan	20	26
16	+ 1-Chlorbutan	20	26
17	+ Pyridin	20–50	90
	n-Heptan		
18	+ Tetradecan	20	86
19	+ Benzol	20–40	86

Nr.	System	Temperaturbereich $\frac{\vartheta}{°C}$	Lit.
20	+ Toluol	20	86
21	+ Tetrachlormethan	20	86
22	+ Diäthyläther	20	86
	Benzol		
23	+ Toluol	20—40	85
24	+ Styrol	20—40	85
25	+ Mesitylen	20	88
26	+ Trichlormethan	20—40	85
	Benzol		
27	+ Tetrachlormethan	20	70
28	+ 1,2-Dichloräthan	20—40	85
29	+ 1,2-Dibromäthan	20—40	85
30	+ 1-Chlorpropan	20	26
31	+ 1-Chlorbutan	20	26
32	+ Chlorbenzol	20—40	98
33	+ Brombenzol	20—40	98
34	+ Diäthyläther	20—40	85
35	+ Acrylsäuremethylester	20—40	85
36	+ Methacrylsäuremethylester	20—40	85
37	+ Essigsäureäthylester	20—40	85
38	+ Pyridin	20—50	90
39	+ Schwefelkohlenstoff	20—40	85
	Toluol		
40	+ Mesitylen	20	88
41	+ Tetrachlormethan	20	70
42	+ 1,2-Dichloräthan	20—40	85
43	+ Acrylsäuremethylester	20—40	88
44	+ Methacrylsäuremethylester	20—40	85
45	+ Schwefelkohlenstoff	20—40	85
	Styrol		
46	+ Acrylsäuremethylester	20—40	85
47	+ Methacrylsäuremethylester	20—40	85

Nr.	System	Temperaturbereich $\frac{\vartheta}{°C}$	Lit.
	Äthylbenzol		
48	+ Tetrachlormethan	20	70
49	+ Methacrylsäuremethylester	20—40	85
50	+ Pyridin	20—50	90
	o-Xylol		
51	+ Tetrachlormethan	20	70
52	+ Acrylsäuremethylester	20—40	85
53	+ Methacrylsäuremethylester	20—40	85
	m-Xylol		
54	+ Tetrachlormethan	20	70
55	+ Methacrylsäuremethylester	20—40	85
	p-Xylol		
56	+ Tetrachlormethan	20	70
57	+ Methacrylsäuremethylester	20—40	85
	Cumol		
58	+ Acrylsäuremethylester	20—40	85
59	+ Methacrylsäuremethylester	20—40	85
	Mesitylen		
60	+ Tetrachlormethan	20	88
61	+ 1,2-Dichlormethan	20	88
62	+ Diäthyläther	20	86
63	Chlorbenzol + Pyridin	20—50	90

Literatur

[1] J. Kerr: Phil. Mag. **50** (1875) 337.
[2] R. Leiser: abh. Dtsch. Bunsenges. Nr. 4, Halle 1910.
[3] J. W. Beams: Rev. Mod. Physics **4** (1932) 133.
[4] H. A. Stuart: Hd.- u. Jahrb. Chem. Physik **10**, T. 3, Leipzig 1939.
[5] C. G. Lefevre, R. J. W. Lefevre: Rev. Pure Appl. Chem. **5** (1955) 261.
[6] P. Langevin: J. physique Radium **7** (1910) 249.
[7] M. Born: Ann. Physik **55** (1918) 177.

[8] W. Voigt: Ann. Physik **4** (1901) 197.
[9] R. J. W. Lefevre, C. G. Lefevre, J. Rao: J. Chem. Soc. (1956) 708.
[10] A. D. Buckingham, J. A. Pople: Proc. Physic. Soc. A **68** (1955) 905.
[11] A. D. Buckingham, B. J. Orr: Quart. Rev. **21** (1967) 195.
[12] A. D. Buckingham, B. J. Orr: Trans. Faraday Soc. **65** (1969) 673.
[13] R. W. Hellwarth: Physic. Rev. **152** (1966) 156; **163** (1967) 205.
[14] J. A. Brace, J. V. Champion: Proc. Physic. Soc. (Solid State Physics) **2** (1969) 2408.
[15] S. Kielich: Acta Physica Polon. A **41** (1972) 653.
[16] H. A. Lorentz: Elektronentheorie, Leipzig 1905.
[17] G. Briegleb: Z. Physik. Chem. B **14** (1931) 97.
[18] G. Otterbein: Physik. Z. **35** (1934) 249.
[19] C. V. Raman, K. S. Krishnan: Proc. Roy. Soc. A **117** (1929) 1.
[20] L. Onsager: J. Amer. Chem. Soc. **58** (1936) 1486.
[21] G. Klages: Z. Naturforschg. **7 a** (1952) 669.
[22] J. G. Kirkwood: J. Chem. Physics **7** (1939) 911.
[23] T. G. Scholte: Physica **15** (1949) 437.
[24] G. Klages: Z. Naturforschg. **9 a** (1954) 602.
[25] A. Steppuhn: Z. Naturforschg. **11 a** (1956) 912.
[26] R. Götze: Diplomarbeit, Merseburg 1975.
[27] D. A. A. S. Narayana Rao: Trans. Faraday Soc. **54** (1958) 954.
[28] A. Proutiere: J. chim. physique **73** (1976) 665.
[29] C. J. F. Böttcher: Theory of Electric Polarisation, Amsterdam 1971.
[30] M. F. Vuks: Opt. Spektr. **21** (1966) 697.
[31] V. A. Zamkov: Opt. Spektr. **15** (1963) 654.
[32] H. G. Kuball, R. Göb: Z. Naturforschg. **22 a** (1967) 737.
[33] H. G. Kuball, R. Göb: Z. Physik. Chem. (Neue Folge) **62** (1968) 237.
[34] W. Liptay, H.-J. Schlosser: Z. Naturforschg. **27 a** (1972) 1336.
[35] F. P. Kober, D. D. Fitts: Electrochimica Acta **11** (1966) 641.
[36] W. H. Orttung, J. A. Meyers: J. Physic. Chem. **67** (1963) 1905.
[37] H. Okabayashi: Bull. Chem. Soc. Japan **34** (1961) 1010.
[38] M. Anselm: Ž. eksp. teor. fiziki **17** (1947) 489.
[39] A. D. Buckingham: Proc. Physic Soc. A **68** (1955) 910.
[40] A. D. Buckingham: Trans. Faraday Soc. **52** (1956) 611.
[41] C. G. Lefevre, R. J. W. Lefevre: J. Chem. Soc. (1953) 4041.
[42] A. D. Buckingham, E. R. Raab: J. Chem. Soc. (1957) 2341.
[43] P. Mazur, B. J. Postma: Physica **25** (1959) 251.
[44] A. Piekara, S. Kielich: Acta Physica Polon. **17** (1958) 209.
[45] S. Kielich: Acta Physica Polon. **17** (1958) 239.
[46] A. Piekara, S. Kielich: J. Chem. Physics **29** (1958) 1297.
[47] A. Piekara: Proc. Roy. Soc. (London) **A 172** (1939) 360.
[48] S. Kielich: Mol. Physics **6** (1963) 49.
[49] A. D. Buckingham, D. A. Dunmur: Trans. Faraday Soc. **64** (1968) 1776.
[50] J. D. Ramshaw, D. W. Schaefer, J. S. Waugh, J. M. Deutch: J. Chem. Physics **54** (1971) 1239.
[51] G. Nienhuis, J. M. Deutch: J. Chem. Physics **56** (1972) 235.
[52] G. Nienhuis, J. M. Deutch: J. Chem. Physics **55** (1971) 4213.

[53] H. A. Stuart: Z. Physik **55** (1929) 358.
[54] R. J. W. Lefevre, C. G. Lefevre: J. Chem. Soc. (1954) 1577.
[55] R. J. W. Lefevre: Rev. Pure Appl. Chem. **20** (1970) 67.
[56] G. Sachse: Physik. Z. **36** (1935) 357.
[57] R. J. W. Lefevre, D. A. A. S. Narayana Rao: Austr. J. Chem. **8** (1955) 329.
[58] R. S. Armstrong, M. J. Aroney, C. G. Lefevre, R. J. W. Lefevre, M. R. Smith: J. Chem. Soc. (1958) 1474.
[59] A. Vereščagin, L. A. Grosina: Teor. eksp. chim. **4** (1968) 361.
[60] A. B. Arbuzov, A. N. Verescagin, S. G. Vul'fson, Z. G. Izajeva: Izv. akad. nauk SSSR, Ser. chim. (1968) 1966.
[61] H. G. Kuball, R. Göb: Z. Physik. Chem. (Neue Folge) **63** (1969) 251.
[62] R, Göb, H. G. Kuball: Z. Physik. Chem. (Neue Folge) **71** (1970) 153.
[63] A. J. Lutskij, V. T. Čalyj, N. N. Ivanova: Ukr. fizič. Ž. **12** (1967) 266.
[64] A. Graczyk, R. Hetman, J. Sobczynska: Biul. Wojsk. Akad. Tech. **24** (1975) 97.
[65] A. J. Lutskij, N. N. Ivanova: Z. strukt. chim. **9** (1968) 326.
[66] A. J. Lutskij, L. B. Vasilenko, V. T. Calyj, N. N. Ivanova: Opt. Spektr. **30** (1971) 119.
[67] A. J. Lutskij, V. D. Berestetskaja, L. B. Vasilenko, V. T. Čalyj, N. N. Ivanova, V. V. Preždo: Ž. obšč. chim. **43** (1973) 2601.
[68] A. J. Lutskij, V. J. Krasnitskij, V. T. Čalyj: Ž. fizič. chim. **49** (1975) 1115.
[69] A. J. Lutskij, V. D. Berestetskaja, V. T. Čalyj, L. B. Vasilenko: Ž. obšč. chim. **43** (1973) 2462, 2597.
[70] F.-U. Schneider: Diplomarbeit, Merseburg 1976.
[71] A. D. Buckingham, M. P. Boogard, D. A. Dunmur, C. P. Hobbs, B. J. Orr: Trans. Faraday Soc. **66** (1970) 1548.
[72] D. W. Schaefer, R. E. J. Sears, J. S. Waugh: J. Chem. Physics **53** (1970) 2127.
[73] A. Proutiere, J. G. R. Baudet, M. Camail: J. chim. physique **71** (1974) 1439.
[74] R. J. W. Lefevre, C. G. Lefevre: J. Chem. Soc. (1959) 2670.
[75] G. H. Meeten: Trans. Faraday Soc. **64** (1968) 2267.
[76] J. V. Champion, G. H. Meeten, C. D. Whittle: J. chim. physique **67** (1970) 1864.
[77] J. V. Champion, G. H. Meeten, C. D. Whittle: Trans. Faraday Soc. **66** (1970) 2671.
[78] J. V. Champion, G. H. Meeten, G. W. Southwell: J. Chem. Soc., Faraday Trans. II **71** (1975) 225.
[79] A. D. Buckingham, B. J. Orr: Proc. Roy. Soc. A **305** (1968) 259.
[80] M. P. Boogard, A. D. Buckingham, G. L. D. Ritchie: Mol. Physics **18** (1970) 575.
[81] L. L. Boyle, A. D. Buckingham, R. L. Disch, D. A. Dunmur: J. Chem. Physics **45** (1966) 1318.
[82] A. D. Buckingham, R. L. Disch: Proc. Roy. Soc. A **273** (1963) 275.
[83] A. D. Buckingham, M. J. Jamieson: Mol. Physics **22** (1971) 117.
[84] S. Kielich: Diel. Rel. Molec. Processes **1** (1972) 192.
[85] H. Rosner, E. Rickelt: Dissertation, Merseburg 1974.
[86] A. Ebert: Diplomarbeit, Merseburg 1975.
[87] S. Trapp: Diplomarbeit, Merseburg 1975.
[88] S. Dietzel: Diplomarbeit, Merseburg 1975.
[89] M. T. Rätzsch, R. Patz: Z. Physik. Chem. (Leipzig) **257** (1976) 520.
[90] G. Kelemen, G. Kelemen: Diplomarbeit, Merseburg 1977.
[91] M. T. Rätzsch, E. Rickelt, H. Rosner: Z. physik. Chem. (Leipzig) **255** (1974) 933.

[92] M. T. Rätzsch, E. Rickelt, H. Rosner: Z. physik. Chem. (Leipzig) **256** (1975) 349.
[93] M. T. Rätzsch, H. Kehlen: Wiss. Zeitschr. TH Merseburg **16** (1974) 130.
[94] H. A. Stuart, S. v. Schiezl: Ann. Physik. **2** (1948) 321.
[95] Landolt-Börnstein: Zahlenwerte und Funktionen, 6. Auflage Berlin.
[96] M. T. Rätzsch, H. Kehlen, H. Rosner: Z. physik. Chem. (Leipzig) **255** (1974) 115.
[97] R. Patz, M. T. Rätzsch: Veröffentlichung in Vorbereitung.
[98] R. Patz: Dissertation, Merseburg 1977.
[99] A. H. Narten: J. Chem. Physics **48** (1968) 1630.
[100] L. J. Lówden, D. Chandler: J. Chem. Physics **61** (1974) 5228.

FSC
www.fsc.org
MIX
Papier | Fördert
gute Waldnutzung
FSC® C083411

Zeitfracht Medien GmbH
Ferdinand-Jühlke-Straße 7
99095 Erfurt, Deutschland
produktsicherheit@kolibri360.de